U0603188

卓越哈佛精神　引领成功人生

聆听哈佛名人的人生哲学课，感悟百年哈佛的成功箴言
细读哈佛精神的思想启蒙书，体味百年哈佛的文化底蕴

Golden Rules of Harvard

哈佛精神

百年哈佛

教给年轻人的8堂课

杨立军◎编著

全新
修订版

上海教育出版社
SHANGHAI EDUCATIONAL
PUBLISHING HOUSE

感悟百年哈佛的人生哲学，品渊源流长的文化精髓
聆听哈佛名人的经典课程，做出类拔萃的社会精英

CONTENTS

目 录

第一章 与真理为友

与柏拉图为友,与亚里士多德为友,更要与真理为友。

——哈佛校训

第二章 绝不虚度每一寸光阴

我虚度的今天,正是昨天去世之人所祈求的明天。

——哈佛图书馆格言

第三章　独立思考、善于思考

哈佛人各有主见。

——塞缪尔·莫里森,《哈佛三百周年》纪事

第四章　用学习塑造最好的自己

此刻打盹,你将做梦;

此刻学习,你将圆梦。

——哈佛图书馆格言

第五章　忠于现实,投资未来

忠于现实,投资未来。

——哈佛图书馆格言

第六章　没有艰辛,就没有收获

没有艰辛,就没有收获。

——哈佛图书馆格言

哈佛精神

第七章　保持不败需要不断创新

一个人是否具备创造力,是一流人才和三流人才的分水岭。

——哈佛大学第 24 任校长普西

第八章　人脉是最宝贵的资源

人脉比智商和情商更重要,管理人脉的能力胜过管理情绪的能力。

——哈佛心理学博士丹尼尔·格尔曼

序　言

　　建于 1636 年的哈佛大学是美国历史上第一所大学,因此人们常说:“先有哈佛,而后有美利坚。”哈佛独领风骚三百多年,被誉为高等学府王冠上的宝石,是世界各国莘莘学子神往的圣殿。

　　15 世纪末,由欧洲通往美洲的大西洋航道被哥伦布开辟出来以后,欧洲人纷纷远涉重洋来到美洲。为了让他们的子孙后代在新的家园也能够受到最优等的教育,他们于 1636 年在马萨诸塞州的查尔斯河畔建立了美国历史上第一所高等学府——哈佛学院。1780 年,即美国建国后的第四年,已经有了一百四十多年历史的哈佛学院升格为哈佛大学。

　　当初哈佛学院的创办者把剑桥大学的模式移植过来,学院最初定名为“剑桥学院”。1639 年,为了纪念学院的创办者和建校费用的主要捐献者约翰·哈佛(John Harvard),马萨诸塞议会通过决议,将学院改名为“哈佛大学”。在从哈佛学院时代沿用至今的哈佛大学校徽上面,用拉丁文写着 VERITAS 字样,意为“真理”。哈佛大学校训的原文,也是用拉丁文所书写的:Amicus Plato, Amicus Aristotle, Sed Magis Amicus VERITAS,意思是“与柏拉图为友,与亚里士多德为友,更要与真理为友”。而哈佛大学的校徽和校训的文字,都昭示着哈佛大学立校兴学的宗旨——求是崇真。

　　迄今为止,哈佛大学培养了无数的政治家、科学家和作家等一大

批社会各界要人,是世界级企业总裁的摇篮;同时,哈佛拥有世界一流的教授和各个学科领域的世界顶级专家。据统计,先后有8位美国总统、40余位诺贝尔奖获得者和30余位普利策奖获得者曾经在哈佛学习。在哈佛,每年都有来自世界各地的著名人士包括各国总统、著名学者、艺术名流和企业家等来举办讲座,让人尽情领略哈佛的精彩哲学和思想魅力。哈佛学者云集,人才辈出,教与学相辅而行,是实至名归的世界超一流高等学府。

　　本书甄选了百年哈佛的八大经典法则,其融合了哈佛的教育理念、课程指导书中的精髓思想,以及哈佛几代校长和众多著名哈佛学子平凡而又非凡的成功经历,并提炼出他们身上所共同具有的哈佛精神。我们编辑本书的目的,正是本着将百年哈佛的精神传承下来的初衷,与读者共享一份思想的饕餮盛宴。

　　担任哈佛大学校长长达20年之久的美国著名教育家科南特曾经说过:"大学的荣誉,不在它的校舍和人数,而在于它一代一代人的质量。"哈佛学子的成功,正是哈佛大学人生哲学教育的硕果,是哈佛素质教育理念的结晶。无论你想与柏拉图还是与亚里士多德为友,本书都会让你站在名人的肩膀上,共同学习如何创造自己的卓越人生。

第一章　与真理为友

　　与柏拉图为友,与亚里士多德为友,更要与真理
为友。

——哈佛校训

追 求 真 理

无论是求学者,还是旅游者,到了哈佛大学,必做的一件事就是要去瞻仰一下哈佛大学行政大楼前矗立着的哈佛本人的铜像,并对这位哈佛大学的创办者表现出深深的景仰和思慕。哈佛的铜像上悬挂着美国国旗,塑造得非常英俊有气势,在铜像的底部镌刻着三行字:

John Harvard(约翰·哈佛),Founder(创始人),1638。

其实,一直以来有很多人被这个著名的铜像给误导了,因为在这个铜像上存在着三个错误,被戏称为"谎言塑像"。

首先,这个铜像并不是根据哈佛本人的样子所塑的。因为在哈佛大学决定要塑一尊哈佛的铜像之时,由于历史的种种原因,哈佛本人的相貌已不可考,也没有任何画像或者照片留下来,无计可施之下,人们只好在学校里找了一名帅哥冒名顶替,按照他的样子塑了哈佛的铜像——这一点其实已经成了一个公开的秘密。

其次,哈佛也不是学校的创办者,只是在学校成立的初年,哈佛捐赠了一笔在当时看来为数不少的钱财。但是对于一个刚刚成立、百废待兴的新学院来说,这笔捐赠无异于雪中送炭。

再次,哈佛学院的创办时间是 1636 年,而并非如铜像上所刻的1638 年。

也就是说,这尊著名的哈佛铜像,无论是外形还是文字,没有一处是真实的。这在以"求是崇真"为最基本精神的哈佛大学,"真理"与

"谎言"竟然如此天衣无缝地融合在一起,对此,校方到底是怎么想的呢?他们以真理为基准来培养自己的精英,却容许这样的谎言存在,究竟是何道理呢?

对于这个疑点,哈佛校方的解释是这样的:

怀疑的精神和冷静的态度是哈佛人一向秉持的原则,这座"谎言塑像"不断地提醒哈佛人,不要轻信传说中的权威偶像,而要努力追求自己坚信的真理,用一种唯美的观点来欣赏这座雕像,通过这三个谎言,将真实的事实牢牢地记住。

其实有的时候,无论正还是反,重要的往往不是外在的形式或是人们容易看到的一面,而是要跳开表层的东西,知悉其内在的含义,了解其蕴含的初衷,这才是人们应该重视和始终坚持的。

正因为如此,"假"哈佛并不妨碍"真"哈佛应得到的敬意。一百多年过去了,那个"假"哈佛正襟危坐,领受着世界各地游客仰视的目光。

两百年来,哈佛的毕业生们在物质生活和精神生活两个层面上对塑造美国的文化作出了无法估量的贡献。如果没有对真理的热爱、对学术的渴求、对教授的尊重,也就不会有今天的哈佛和今天的美国。

多年以来,在美国的学术界渐渐形成了一种学术标准,对真理的认真探索以及道德水准的提高至今仍然是这一标准的核心,而这一标准的源头,正是出自哈佛大学!

哈佛的创办者是一批从英格兰远道而来的清教徒,在他们的思想中,折射和衍生出一种求真求实的做人态度,影响着一代又一代哈佛人,教导他们以此作为自己的行动指南。

哈佛大学第19任校长昆西曾着重指出:"大学最根本的任务就是追求真理,而不是去追随任何派别、时代或局部的利益。"

哈佛学子威廉·詹姆斯在1903年开学礼致辞时说:"真正的哈佛

是无形的哈佛,藏于那些敢于追求真理、独立而孤隐的(学生)灵魂里……这所学府在理性上最引人称羡的地方,就是孤独的思考者不会感到那样的孤单,反而得到丰富的滋养。"

哈佛大学长期研究团体管理学习行为的学者阿吉瑞斯也指出,对质疑求真所带来的威胁的惧怕,会导致员工不愿去探究潜在威胁,一家企业一旦出现这种情况,表明它已身处险地。

的确,在哈佛,真理被摆在一个非常重要的位置,求学的过程就是求真的过程。不断地掌握知识、探索世界的过程,就是不断接近真理的过程。

"与柏拉图为友,与亚里士多德为友,更要与真理为友。"(Amicus Plato,Amicus Aristotle,Sed Magis Amicus VERITAS.)哈佛的校训为哈佛学子提供了学习和为人的第一准则。可以看出,哈佛校训强调的有两点:

> 哈佛重视传统,相信在伟大的传统中有深远的智慧,所以哈佛不大可能出现全盘反传统、全盘反历史的疯狂现象。

> 哈佛强调追求真理是最高的原则,无论是世俗的权贵还是神圣的权威,都不能代替真理,都不能阻止人们对真理的追求。

同哈佛校训相一致的,哈佛的校徽正好暗合了哈佛大学把"真理"作为不泯的信条来追求的理念:

校徽的主体部分以三本书为背景,在上面的两本书上分别刻有"VE"和"RI"两组字母,在下面的一本书上刻的是"TAS"这组字母,"VERITAS"在拉丁文中就是"真理"的意思。

哈佛大学校徽

哈佛校徽诞生于 1643 年 12 月 27 日举行的一次会议,时任校长邓斯特在会议之后,就把会议记录顺手放在了一堆文件中,此后便无人问津,而那张设计草图也就一直被遗忘在当年的会议记录中。直到哈佛 200 周年校庆时,这个以"真理"为主题的校徽才被昆西院长从堆积如山的历史文件中发现。哈佛校徽的失而复得,似乎昭示每个哈佛人:

真理是不会被遗忘的,纵然它一时可能被人们忽视,但终有重现的那一天;但与此同时,追求真理并不是一帆风顺的,真理的获取需要时间和努力的付出,而且可能遭到旧的权威或当权者的反对——因此,与真理为友就显得难能可贵。

几百年来,哈佛大学正是在追求真理和勇于开拓的信念鼓舞之下,始终不遗余力地引导学生为理想、为实现人生价值进行不懈的追求和奋斗。也正是在这种生生不息的精神熏陶之下,哈佛才得以在美国的名牌大学中始终保持着独一无二的特色,从而造就了一代又一代的社会精英,在各个领域作出许多影响重大的成果和贡献。

哈佛大学塑造的精英之一、著名的思想家拉尔夫·沃尔多·爱默生(Ralph Waldo Emerson)曾在一次联谊会上发表了一篇名为"美国学者"的讲演。在演讲中,他强烈抨击了美国社会中"灵魂从属于金钱的'拜金主义',以及资本主义劳动大分工使人异化为物"的现象,强调人的价值。这一讲演轰动一时,在民众中造成巨大的反响。

要知道,爱默生极有可能因为这样的言论而遭到社会多方人士的指责或抨击,但哈佛的教育给予了他强大的精神动力,他觉得他有义务说出事实的真相,揭露出社会上所存在的不良现象以及人们心中的不良思想。即使因此遭到打击或不公的待遇，也要坚持自己的想法和说法。

他认为，作为学者，其根本任务便是"自由而勇敢地从事物的表象中揭示真实，以鼓舞人、提高人、引导人"。通过对哈佛"求是崇真"的校园思想的深入认识和解析，并以此指导自己的思维，爱默生终于创立了自己独特的思想，提出了"依靠自我，尊重自我，独立自助，崇尚个性"的观点。

众多励志大师如戴尔·卡耐基、拿破仑·希尔、奥格·曼狄诺等，都从爱默生的思想中受到过启发；而美国社会的迅猛发展与美国个人才智的充分展现，也同这种精神息息相关。可以说，通过哈佛大学数百年精神的传袭，通过哈佛学子在各个领域作出的贡献和影响，哈佛大学"追求真理"的理念已经深入人心，甚至成为美国社会精神的一种代表。

相信你自己，在"追求真理"旗帜的影响下，追求并坚持你认为是正确的道路。爱默生正是本着对真理、对事实的不断探求，不因压力而违背自己的思想认识，才最终树立了自己的思想体系和人格魅力。

原浙江大学校长竺可桢也曾就学于哈佛，深受哈佛思想的熏陶。1938年，根据他的提议，浙江大学校务会议确定以"求是"作为学校的校训。

根据中国传统文化和西方科学发展的历史经验，竺可桢校长把"求是"解释为"排万难冒百死以求真知"，进而提出了具体的做法，即要"博学之，审问之，慎思之，明辨之，笃行之"。他根据自己的处世经验，提出将"只问是非，不计利害"作为"求是"的行动准则，里面就包含着独立思考、怀疑批判的精神以及不畏强权、为真理而献身的精神。

正是"求是"的校风对浙大学生的道德品质塑造起到了主导作用，同时也为指导浙大各项工作取得成功提供了重要的思想保证。

其实早在竺可桢还在东南大学任教时,他就非常重视学生实验学习的训练。他认为,只有亲自从自然中、生活中去探求知识、学习新知,才能培养实事求是的科学态度。为了让学生能够有条件进行气象实习,他在校内建立了测量站,让学生轮流观察、记录和分析。为了增强实践环节,竺可桢规定将野外实习作为地学系各科的必修课程。雨花台、紫金山、栖霞山、方山、龙潭等地都是地学系师生常去的地方。

竺可桢说:"提倡科学,不但要晓得科学的方法,而尤贵在乎认清近代科学的目标。近代科学的目标是什么?就是探求真理。科学方法可以随时随地而改变,但蕲求真理也就是科学的精神,是永远不会改变的。"

正是本着科学的认知态度和实事求是的作风,竺可桢将哈佛追求真理的思想注入到了他一生的教学之中,将之传递到一代又一代的学子心中去,造就了众多中国社会的栋梁。

哈佛学子心中对于真理的探寻和执著精神,同样离不开作为领导者的校长对于学校精神的坚持和发扬。

2000年,美国哈佛大学遴选校长,新卸任的总统克林顿和副总统戈尔被提名。但哈佛很快就把这两个人排除在外,解释理由是:克林顿和戈尔可以领导一个大国,但不一定能领导好一所大学,领导一流大学必须要有丰富的学术背景,而克林顿与戈尔都不具备。

后来,原任美国财政部长、世界银行首席经济学家、副行长的萨默斯被挑选为新校长,因为他在经济学研究方面做到了一流,是国际知名学者。

虽然萨默斯最后被迫辞职,但完全是由于他个人的原因:他在学校管理方法和领导风格方面存在问题,导致他与同事的关系紧张并严

重影响哈佛的团队精神,于是哈佛的教授纷纷向萨默斯投下了不信任票。

尽管他在财经界赫赫有名,但在哈佛这个校园里,萨默斯不能享有一丝的特权——这是哈佛精神的生动诠释。反对特权、崇尚平等,无论他的身上有多少光环,只要他是哈佛人,就要传承和发扬哈佛的精神,如此,学生耳濡目染,才会深受其思想精髓的熏陶。

也正是由于经过一代又一代哈佛人对于优良传统的秉承和不断努力进取,追求真理这样一个哈佛最初的思想,最终形成一种学校的传统精神,并成为培养哈佛精英的重要学术标准和道德标准。

哈佛大学校园内约翰·哈佛的铜像,已经
成了游客在美国摄影留念最多的四大名塑之一

追求真理,从细微处做起

有一位留学哈佛的中国研究生,在其撰写的某课程研究性报告中,因在一位重要人物名字的单词上拼写出错,被教授扣去了很多分数。

他觉得不可思议,认为这么一点小错就这么劳师动众大可不必,回想当初在国内上课的时候,如果碰到这种问题,老师只不过是将你出错的地方做个记号,最多提醒他以后在碰到类似问题的时候要多加注意,绝不会因此而大大影响到总体的成绩。

于是,他到办公室找教授说明情况,认为教授的做法太过严苛,不能为自己所接受。

"还有其他的问题吗?"教授并没有直接回答。

"没有。"

"如果是这样,请让我第一次也是最后一次来回答这个不成问题的问题。"这位教授耐心地说道,"这是一个人的姓名,写错了,就好像把一只狗叫成了猫。更何况,这个人作为该领域的专家,也是你报告中的重量级人物,对于他的名字你都拼写错误,我认为你对这个课题的研究和理解都是不够的。你认为这样的问题不严重吗?"

"我保证不会再发生类似的错误,对不起。"

"我接受你的道歉,但成绩我不会更改。这是我授课的原则。如果我的学生将一只狗叫成了猫,而我还说他是正确的,那恐怕犯错的就是我了。"

这件事给予这位学子心灵上强烈的震撼。他觉得在那一次谈话

中，自己获知的不仅是端正的学习态度，更重要的是让他亲历了哈佛在培育其学生过程中所体现出来的对于真理的执著的态度。

正像这位学生在国内看到的、听到的、经历过的那样，对于一些小问题，老师基本上都会忽略，或者只是扣掉一些分以示警示，不会因此影响整体，更不会放到"原则性"的高度上去审视它。

而在哈佛就不同，事情无论大小，都只因其性质而定。事情再小，如果它代表了重要的意义，那它就不再是一件小事。你可以运用活跃的科学思维，可以不受书本或教授们思想的束缚天马行空，发挥自己的独特创意，提出自己的不同看法，表达自己的另类观点，教授绝不会因你的思想"偏颇"、观念"另类"而判你的"死刑"。但一些原则性的错误，对于他们来说则是不能就此放过而是必然要坚持批判的。

而在我国则恰好相反，我们的教育对于"思想"的重视无疑是排在第一位的，如果学生文章中的思想不主流、不积极，那么无论他的论证再有道理，他的证据能充分支持他的观点，他的成绩也必然不会"好看"。而对于这些基础的却实实在在有着是非评判的标准的东西，却是可以不那么"重视"和讲究的。

由此，我国社会上也引发过这样的讨论：什么才是"正确的思想""积极的思想"，如果对于孩子心中的"思想"都设置了限定，告诉他们"往这个方向思考问题就是对的，而往那个方向思考问题就是错的"，那学生还怎么能够在学海之中破浪前行，追求自己心中所认为的真理呢？既然"对"和"错"都已经被定好了，那么除了遵从"上"、遵从"权"、遵从"书"，还有什么可以做的呢？

一方面对学生设置某些方面的限定，另一方面却要求他们不断追求所谓的真理，本身就存在自相矛盾之处。由此，这是否该引起我国教育者的深刻思考呢？

美国学者罗尔斯是当代社会学的大师，也是杰出的自由主义思想

家,他以《正义论》一书奠定了在当代学术界不可撼动的崇高地位,而他就执教于哈佛大学。

中国留学生吴咏慧在她的《哈佛琐记》一书中描述了课堂上的情景:"罗尔斯讲到紧要处,适巧阳光从窗外斜射进来,照在他身上,顿时万丈光芒,衬托出一幅圣者图像,十分炫眼。"这样的一幅场景,让我们不禁觉得,传播知识与真理是多么神圣。

当学期即将结束,罗尔斯教授为同学们讲完最后一堂课,这位世界知名的学者对学生说:"我很感谢大家来听这门课。但在课堂上所谈的见解都是我的个人意见,这门课的研究远没有结束,我希望大家不会被我所说的束缚住,而是去做独立思考,有自己的判断和见解。"

语毕,罗尔斯缓缓地走下讲台。这一瞬间,教室里的全部学生立即鼓掌,向这位令人尊敬的老师致谢。罗尔斯本来就有点内向害羞,于是他频频挥手,快步走出讲堂。这就是世界级的学者,他的话也代表了哈佛长久以来追求真理、永无停歇的理念。

在罗尔斯走出教室后许久,学生们的掌声依然不衰。因为所有的学生都想让他们尊敬的罗尔斯教授在遥远的地方还可以听到他们的掌声。

什么是哈佛精神? 这就是哈佛精神。学术大师们是带领年轻学生走向真理的向导,学生们对向导满怀尊重,这其实也就是向真理表示深深的敬意。

追求真理，诚信至上

　　许许多多进入哈佛的优秀新生是如何成为世界一流的毕业生的？你可能想不到，哈佛的第一课，学的就是正直诚实的求学作风。有记者就哈佛入学的要求采访了一位相关专家：

　　记者：哈佛是美国乃至世界一流大学，培养总统的摇篮，那么，入学哈佛究竟有哪些基本的要求呢？

　　专家：除了一些基本的语言要求，如托福要达到 550 分以上，GRE 要达到 2 100 分以上之外，哈佛是非常注重"求真求实"这样一种作风的。所以，一个人想要进入哈佛，在这一点上是需要非常注意的。

　　记者：我们了解到，入学哈佛之前，学生需要填写申请表和各种资料，很多时候学生在写申请书的时候可能会过分夸大自己，以使自己的形象在材料中看起来更好一些，希望能够吸引招生人员的注意。我想请问：这种行为是否得当呢？

　　专家：切记一点：千万不要向招生人员撒谎，写假信息或过分夸大自己的能力。在美国，向招生人员撒谎或在申请表中写假信息，在法律上是一种犯罪。所以，学生不要写虚假信息。诚实是非常重要的美德，在美国，中学与很多大学都有紧密的联系，他们会核对你的简历是否准确。招生人员更希望你真挚诚实，不弄虚作假，过分的夸张可能是非常危险的行为，因为一旦处理不当，这些过分的夸张和美化都可能成为虚假信息。确保你的个人信息坦诚、真

实，这样就可以了。

记者：我们知道，美国是一个非常注重知识产权的国家，据说在哈佛，因误用了别人的"IDEA"（观点），每年都有一些学生被迫离去。在这一点上，我国的大学好像相对欠缺一些。

专家：的确如此。在美国，剽窃是一个非常严重的问题，因为剽窃会清楚地暴露出你是一个不负责任、为人不正直的人。如果你要从别的地方借鉴观点，不要忘了注明这些观点的来源。即使你不清楚这些观点是不是具有原创性，最好也要注明它们的出处，以避免产生误解或者混淆。在写论文时，原创性是非常重要的。或许有人认为自己不是有意去剽窃的，但是"不小心"的可能性有多大呢？所以每年，在哈佛，上万毕业生的论文和数百本教授的专著都有着"真金白银"的价值——请您想一想，这是一笔什么样的财产！它们在得到尊重的同时，也同时在增加着哈佛的身价！

的确，一进入哈佛的校园，每个新生将得到一本哈佛学生指导手册——"Don't plagiarize!"

"Plagiarize"源自希腊文，原意是"偷别人的孩子的人"，现在的意思是：剽窃。

"我们的思想就是我们的孩子，如果你未经注明，就引用了我们的思想，就是偷了我们的孩子！"这种解释非常形象地表明了哈佛的育人理念，更是一代又一代哈佛人被锻造成各界精英不可或缺的重要因素。

"打造精英""打造精英式教育"的口号，如今也时常会回响在我们耳际。打造什么样的精英？怎么来打造精英？在如今的这个社会，很多人误以为能够成为精英，最重要的是个人的天资、号召力以及管理能力等，但根据我所接触到的美国的一些成功人士和优秀大学生，对他们的经验予以总结，以及根据研究调查所收集到的信息资料，发现一个人之所以能够成为精英，最主要的并不是智商，也不是成为一个有号召力、令人信服的领导，而是一个能够坚持自我、有原则、谦虚且拥有诚信的人。当一个人拥有了这些因素之后，便自然而然地同时拥有了之前所提到的那些东西。

由此，要打造出社会精英，无论是家庭、社会还是学校，必先将诚信、坚持原则、坚持自我等理念传输给社会的下一代，让他们明白，一个人的人品如何直接决定了这个人对于社会的价值，而在与人品相关的各种因素之中，诚信又是最为重要的一点，只有先塑造了自我，以诚信为基础，才能塑造未来的成功事业。而哈佛，正是用这样的理念影响和教育着她的学子。

比尔·盖茨，这位曾求学于哈佛而又中途退学的微软总裁，虽然并没有在哈佛留到毕业，但对于哈佛所提倡的精神，同样表现出赞同的态度并身体力行地付诸实际行动，引入到他整个公司的文化中。

微软公司在用人时非常强调诚信，只雇用那些最值得信赖的人。

从哈佛大学起步的微软公司创始人比尔·盖茨

此前,当微软列出对员工期望的"核心价值观"时,诚信被列为其中之一。

曾有一位在微软研究院实习的学生,有一次出乎意料地上报了一项非常好的研究结果。但没过多久,上头发现他所做的研究结果别人无法重复,也就是说,这份研究报告是作了假的。

后来,他的老板才发现,这个学生对实验数据进行了挑选,留下的都是那些合乎最佳结果的数据,而将那些"不太好"的数据给舍弃了。

由此,微软断定,这个学生永远不可能实现真正意义上的学术突破,也不可能成为一名真正合格的研究人员,他在微软的实习当然也是不合格的。

在员工的诚信与智慧之间,微软甚至更偏向于前者。虽然在很大程度上微软并没有就两个方面直接去衡量一个员工,但作为第一"核心价值",诚信是微软对员工最基本的要求。在比尔·盖茨和他的企业文化看来,没有诚信,一个人又怎么能够成长为企业精英?

曾经在招聘员工的一次面试中,微软的面试官遇到这样一位求职者:此人无论在技术还是管理方面都非常优秀,但是,在和面试官的交流之中,他表示,如果微软录取他,他甚至可以把在原来公司工作时的一项发明带过来。随后,他似乎觉察到这样说有些不妥,因而又马上作出"声明",表示那项工作是他在下班之后做的,他的老板并不知情。

就这一段小插曲的发生,对微软的面试官而言,即使他的能力和

工作水平再出挑，微软也断不会录用他。从微软的企业精神出发，如果雇用一个缺乏最基本的处世准则和最起码的职业道德——"诚实"和"讲信用"的人，谁能保证他不会在新公司待上一段日子后，又把在那里取得的成果也当作所谓的"业余作品"而变成向其他公司讨好献媚的厚礼呢？

微软认为，无论是管理经验还是沟通能力，都可以在日后的工作中慢慢地学习成长，而一颗正直诚实的心却是无价的。相较于前者，后者无疑是最基本也是最重要的。如果一个人连品格都不完善，他又怎么能成为一个真正有所作为的大人物呢？

在以比尔·盖茨为核心领导者的微软之所以能够成为IT界的领头羊长盛不衰，和微软的整个企业文化是分不开的。而以注重诚信、注重原则为基础的微软文化的形成，盖茨又在其中起着举足轻重的作用。盖茨的思想，同样离不开哈佛精英思想的教育，哈佛用自己的理念造就了这位美国社会的成功人士，也造就了美国的一代代的精英。

2002年，哈佛大学校长劳伦斯·萨默斯在北京大学演讲时表示："检验一个大学的研究，最终得看它对真理的贡献。最重要的是要有最优秀的、最富有创造力的思想。如果这个思想是最优秀的、最富有创造力的，它最终一定会找到其重要的应用。"

经过历史的洗礼，哈佛依然长盛不衰，傲视群雄，其秘诀离不开对于真理的不懈追求。对真理的追求和探索是永无止境的，"与真理为友"的哈佛精神也已经深入学校的骨髓，成为其大学文化不可或缺的一部分。正如哈佛大学第25任校长博克在第340届毕业典礼上的致辞中说的那样：

"学生一代接着一代，如同海水一浪接着一浪地冲击着陆地，有时是安静详和的，有时则带着狂风暴雨的怒吼。不论我们认为人的历史是单调的还是狂骤的，有两件事物总是新鲜的，这就是青春和

对真理的追求，这也正是一所大学所关心的。我们学校的年纪已经可以用世纪来计算，但只要它热切地追求这两件事，它就永远不会衰老！"

哈佛校训墙

第二章　绝不虚度每一寸光阴

我虚度的今天，正是昨天去世之人所祈求的明天。

——哈佛图书馆格言

理解时间的价值

哈佛图书馆的墙上曾写有这样一条格言："Today I get through with nothing done is just the tomorrow the men who dead yesterday eager for."意思是：我虚度的今天，正是昨天去世之人所祈求的明天。

这句格言一针见血地总结了时间的价值。什么是最宝贵的财富？金钱、名誉还是权利？相比于时间，这些都不算什么。因为再多的金钱也买不回流逝的光阴，再大的权势也无法逆转时间的流逝。

一个一无所长的学生，毕业以后一直碌碌无为。有一天，他去拜访昔日的大学教授，希望能够为他的未来指点一条道路。

教授问他："你为什么来找我？"

学生回答道："我至今仍一无所有，恳请您给我指明一个方向，使我能够找到人生的价值。"

教授摇了摇头，说："你和别人一样富有啊，因为每天我也在你的'时间银行'里存下了86 400秒。"

学生苦涩地一笑，说："那有什么用处呢？它们既不能被当作金子，也不能换成一顿美餐。"

教授肃然打断了他的话题，问道："难道你不认为它们珍贵吗？你不妨去问一个刚刚延误乘机的旅客，一分钟值多少钱；你再去问一个刚刚死里逃生的幸运儿，一秒钟值多少钱；最后，你去问一个刚刚与金牌失之交臂的运动员，一毫秒值多少钱？"听了教授的一番话，学生羞愧地低下了头。

21

教授继续道:"只要你明白了时间的珍贵,去发现一件自己想做的事情,那你脚下的路便会慢慢明朗起来。"

时间是每个人所公平拥有的财富。人们出生时所拥有的家庭环境和生活状况各有各的不同,但是在当下这一刻,我们所拥有的每一分每一秒的价值是相同的,区别仅在于你打算如何利用这珍贵的一分一秒。

每一天我们都在忙忙碌碌地生活,有时觉得自己所做的每一件事都十分重要,有时却又觉得每天都在浑浑噩噩地埋头于琐事之中。我们总在感叹"时间过得真快","我还有许多事情没有完成",但是日复一日地抱怨,问题始终得不到解决。

有一位哈佛的讲师在桌上放了一个装水的罐子,然后又从桌子下面拿出一些正好可以从罐口放进罐子里的鹅卵石。讲师把鹅卵石放完后,问他的学生:"你们说,这罐子是不是满的?"

"是!"所有的学生异口同声地回答。

"真的吗?"讲师笑着问。然后从桌子底下拿出一袋碎石子,把碎石子从罐口倒下去,摇一摇,再加一些,再问学生:"你们说,这罐子现在是不是满的?"

这回学生不敢回答得太快:"也许没满。"

"很好!"讲师说完后,又从桌下拿出一袋沙子。倒完后,他再问班上的学生:"现在你们再告诉我,这个罐子是满的吗?"

"没有满。"学生这下学乖了,大家很有信心地回答说。

"好极了!"讲师又从桌底下拿出一大瓶水,把水倒进看起来已经被鹅卵石、碎石子和沙子填满的罐子。

当这些事都做完之后,讲师正色问他班上的学生:"你们从上面这些事情中学到了什么重要的道理?"

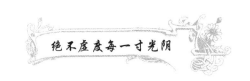

一位同学回答说："无论我们的工作多忙,行程排得多满,如果要逼一下的话,还是可以多做些事的,这件事讲的是时间管理。"

我们常说,时间对于每一个人都是公平的。"上天给你的生命不过是许多分钟,而且是有限的。从你出生的那一天开始,你就只有这么多分钟的生活,并且无时无刻不在减少。"当我们有了这样的紧迫感,渴望把握生命中的每一分钟时,我们绝不愿意再拖延一点点时间。

时间有限,生命有限。我们所能做的就是在有限的时间和生命里充分利用每一分钟,决不拖延,以达到单位时间所能发挥的最大功效。

时间是一个人可以花费的最有价值的东西。每一秒时间经过合理的利用都能创造出非凡的价值。平凡人想着如何消磨时间,而伟大的人却想着如何把别人喝咖啡的时间省下来做更有意义的事情。这就是成功者和平凡人的区别。

有一位平凡的中学教师,她有一个梦想,那就是成为一名大学讲师。为了实现梦想,她比任何人都珍惜时间,充分抓住每一分钟刻苦自学。

年幼的儿子总是看见母亲忙碌的身影,有着些许的不解,他对母亲说道:"妈妈,今天好好休息一下吧,时间还有很多呢,为什么不能把事情留到明天再做呢?"

然而母亲却笑着回答儿子:"上天给我们的生命不过是许多分钟,而且是有限的若干分钟。从我们出生的那一天开始,就只拥有这么多有限的分钟去生活,并且这些时间无时无刻不在减少。所以说,有什么道理我们不去充分利用好每一分钟呢? 今天有今天的事情,明天也会有明天的任务,我们不应该把今天的任务带到明天。如果我们脑子里面总是想着拖延,让懒惰占了上风,那么可能就会一再拖延,更有可

能的是,明天我们已经缺少了今天的热情,会把事情拖延到后天,长此以往,我们所拥有的时间就在这种惰性中被消磨殆尽了。那将多么可惜啊!"

母亲的话影响了儿子的一生。她的儿子从小就懂得不断提醒自己要把握每一分钟,一切从今天开始,从现在开始行动。

最终,母亲通过自己无数个一分钟的努力,成为鲍灵格林大学的婚姻家庭系的副教授,而儿子则成为世界著名的花样滑冰运动员,1981—1984年连续4次获得世界冠军,他的名字叫科特·汉密尔顿。

这位母亲的言行令人激赏,是她的言行教育影响着孩子,让他站上了世界花样滑冰运动的顶峰。立即去学习,立即去训练,立即去执行,立即去行动……在他们的行为中看不到丝毫的拖延,这也造就了他们的成功。

有人曾说,人应该刚生下来就是中年,然后再渐渐年轻起来,那样,人就会珍惜时光,不会把它浪费在无谓的事情上。的确如此,在我们刚出生时,我们并不懂得时间的珍贵。而等到我们对时间有所感悟,感叹时光如梭的时候,时间早已经一分一秒地溜走,我们已经错过了许多。

时间就像捧在手中的水,若不及时利用,很快就会流光。我们从来就不是一个"时间"的富人,我们的生命再长,又能拥有几捧水呢?

哲人曾说,我们吸收知识要像海绵吸水一样,而我们对待时间却要像从海绵中挤水一样,无论你的行程安排得多满,你总能从中再挤出一点时间来做其他值得做的事情。

哲学家伏尔泰问:"世界上什么东西是最长的,而又是最短的;是最快的,而又是最慢的;是最易分割的,而又是最广大的;是最不受重视的,而又是最受惋惜的;没有它,什么事情都做不成;它使一切渺小的东西归于湮灭,又使一切伟大的事物生命不绝?"

智者查帝格回答:"世上最长的东西莫过于时间,因为它永无穷尽;最短的东西,也莫过于时间,因为人们所有的计划都来不及完成;在等待着的人们看来,时间是最慢的;在作乐的人看来,时间是最快的;时间可以扩展到无穷大,也可以分割到无穷小;当时,谁都不重视,过后,谁都表示惋惜;没有时间,什么事都做不成;不值得后世纪念的,时间会把它冲走;而凡属伟大的,时间则把它们凝固起来,永垂不朽。"

人的一生就如同在和时间赛跑,有四种赛跑选手。第一种人超越了时间的脚步,在有生之年完成了所有的目标,他是幸福的;第二种人是幸运的,世事的变化无常让他紧追着时间的脚步,紧凑地过完一生;第三种人是平凡人,切肤之痛后幡然醒悟时间的珍贵,中途开始追赶,完成了一些自己的愿望;而第四种却是最痛苦的人,等他意识到该奔跑的时候,却也正是时间开始冲刺的时候。

"青年时学习犯错误,成年后则须努力奋斗,老年时总有些遗憾。"我们曾经认为时间是无穷的,却在很久之后才知道每个人的时间其实是有限的,于是,原本以为的时间上的"富翁"渐渐变成了时间的"乞丐"。我们曾经以为我们的一生还有许多时间,还有许多个明天,但当我们逐渐衰老的时候,我们才发现,原来时间对每个人都是公平的,时间永远不会等待一个人。

时间的意义和价值取决于我们如何利用它。对于智者来说,把时间好好利用,能够在单位时间内创造出相当大的成就或财富,那时间就是祝福,因为时间使智者的生命走向了永恒,所有人都会仰慕他的成就;而对于愚者来说,给他再多的时间,他也无法创造出什么或是获得什么,只是每天百无聊赖地浪费生命而已,时间对他毫无意义,甚至

是祸患,因为愚者留下的只有无尽的悔恨和无可挽回的损失,没有人会记得他。

有人做过这样一个统计,假使一个人每天早上 5 点钟起床,另一个人却每天早晨 7 点钟起床。这样过了 40 年,结果等于每天早晨 5 点起床的人多活了 10 年。

拿破仑一天只睡 4 个小时。18 世纪英国著名的政治家、大法官兼上院议长布鲁厄姆勋爵在成为英国最有名望的人后,也每天只睡 4 个小时。

19 世纪著名的英国军事理论家及海洋战略家,朱利安·科贝特曾经写道:"有谁比我工作的时间更长? 在我的一生中,我一天用餐的时间从来没有超过 35 分钟。"

18 世纪英国著名的历史小说家和诗人,沃尔特·司各特在发表的文章中写道:"我从没有花时间与居住在阿博兹福德的客人们一起进行过娱乐活动,他们都感到迷惑不解,不明白我是怎样有效利用时间,做到这么高产的。其实,当他们还在睡觉的时候,我就开始工作了。"

英国维多利亚时代的陆军元帅、著名的坎贝尔勋爵也是如此,总是舍不得浪费一点时间。年少的坎贝尔勋爵给家里写信,解释自己为什么不回家时这样说:"要想获得成功,我必须比其他人更勤奋地工作。别人去剧院观看演出时,我必须待在宿舍里学习;别人睡着的时候,我必须坚持学习;别人回到乡下的时候,我必须待在城镇里学习。"

而美国第 32 任总统富兰克林·罗斯福更是常常工作到深夜,每次当他的朋友巴特博士深夜从俱乐部回来,总是能看到他还在工作。而早晨当其他邻居起来的时候,大家又发现他已经开始工作了。

有一位很富有但是在事业刚开始时不名一文的银行家说道:"多年来,在太阳升起的时候,我就开始工作,这成了我的习惯,而且通常

我会每天工作 15 至 18 小时。"

这么多伟大的成功者都如此地珍惜时间,难道平凡但却渴望成功的我们就应该轻易地让时间白白溜走吗?或许,你会辩称说自己的工作学习很繁忙,日程安排得很紧凑,没有多余的时间去做其他的事。但是其实你每天的工作生活中都有许多零碎而没有加以利用的时间。如果把这些时间收集起来的话,将是十分可观的。而你如果浪费了一分钟,那你很可能就会浪费一小时。

在美国费城的造币厂里有一间黄金加工室,当每回清理地板的时候,人们干的活儿就像绣花般细致——收集黄金粉末。就这样,这个加工室每年为国家省下几万美元。每个成功人士也是这样,需要细致地收集"零碎时间留下的碎末",而这些"时间碎末"都是寻常人不屑一顾的。有的人习惯于珍惜和利用零碎的几分钟、半小时、意外的空闲时间、两段时间"之间的缝隙",或者等待一个迟到的朋友的时间,这种人常常会取得令人惊讶的成就,而那些不了解这个时间秘密的人,往往一事无成。

人们对于金钱的开支,大多比较留心,但对于时间的支出,却往往不大在意。如果有谁为人们在工作生活等方面用去的时间一一予以记录,列出一份"生命的账单",不仅十分有趣,而且可能令人有所感悟,有所警醒。

法国《兴趣》杂志对人一生在时间的支配上做过一次调查,结果是这样的:站着,30 年;睡觉,23 年;坐着,17 年;走着,16 年;跑着,1 年零 75 天;吃饭,7 年;看电视,6 年;闲聊,5 年零 258 天;开车,5 年;生气,4 年;做饭,3 年零 195 天;穿衣,1 年零 166 天;排队,1 年零 135 天;过节,1 年零 75 天;喝酒,2 年;如厕,195 天;刷牙,92 天;哭,50 天;说"你好",8 天;看时间,3 天。

英国广播公司也曾委托人体研究专家对人的一生进行了"量化"分析,有些数字可以作为上面推算的补充:沐浴,2年;等候人,18周;打电话,2年半;等人回电话,14周;无所事事,2年半。以上推算和量化分析并不全面,而且有些数字也不具有很强的说服力和可信性,但为我们大致列出了一份生命的账单。

我不知道读者看了这份"生命账单"是否有些触目惊心。这份账单上的时间开支,有一些是非花销不可的,但有的却完全可以节省。所以,每个人在生活的每一天都必须考虑并安排好:我该为哪些事花费时间? 哪些可以忽略或缩短?

只有像对金钱那样计较时间,我们才能在有限的人生中做更多有意义的事情。我们时常感叹,善于有效利用财富的人很少,孰不知更让人惋惜的是:懂得该如何利用时间的人更少。

善于利用时间比善于利用财富更重要,"一寸光阴一寸金,寸金难买寸光阴"。生活中经常看到这样的现象:有的人坐在椅子上,嘴里嘀咕着:"做点什么好呢,时间这么少,做什么都不够……"可我们发现,当他真的有大量时间空下来时,这个人仍然还是什么事都不肯做,应该说这样的人将一生都一事无成。

看了这份生命的账单,你该明了时间的珍贵。而一个人对时间的重要性了解多少,则直接影响到他的人生前途。年轻的朋友们,抓住宝贵的光阴,发挥你的勤奋,努力去完成自己的心愿,体现人生的价值吧。时间不会倒流,千万莫等闲、白了少年头,空悲切。生命是一分一秒的时间堆积而成的,浪费了时间等同于浪费了生命。

每天利用零碎的1小时,可以将普通人变成某个领域的专家;每天利用零碎的1小时,多阅读20页的书,一年就可以阅读7 000页相当于18本厚的书;每天利用零碎的1小时,可以将一名原本无知的人变成一个博学的人;每天利用零碎的1小时,可以将一名毫无名气的人变成一个家喻户晓的大人物；每天利用零碎的 1 小时，可以把一个毫无用处的人变成一个造福子孙后代的人。

有一定成就的人大凡是十分重视时间的人，他会珍惜时间，合理利用时间，遵守时间，等等。同样，忽视时间，也是失败者的通病。一个人一旦缺乏了时间观念，即使才华再出众，也无法赢得他人的赞赏和最终的成功。

我们从一个人平时如何安排时间就能够看出他的前途和品质。一个能够成功的人必定是会支配时间的人。因为只有珍惜时间，合理安排时间才能推进你的工作，提高你的人生价值。

对时间这一最宝贵的财富，我们应该比吝啬鬼对待金钱还要"吝啬"。我们不能浪费任何一小时，就像我们不能轻易浪费掉一元钱一样。浪费时间就意味着浪费精力、浪费生命，而这些被浪费的东西都是一去不复返的。想要成功的你必须明白，你的未来就在这一分一秒之中，一定要认真对待。如果人们珍惜每一分钟，合理安排时间，让分分秒秒都有价值地度过，那就等于延续了自己的生命。

富兰克林曾说过："时间就是金钱。"如果人们希望赚到钱，那么就得学会正确地利用时间。可以把时间用于许多美妙而高尚的事情，它可以用来学习、研究、从事文艺创作和科学探索活动。我们可以有计划地节省时间。计划就是为实现某种目标作出的安排，以便迅速高效地实现目标而不浪费任何宝贵的时间。任何一个商人都必须具备计划进程并井井有条地付诸实施的能力。同样，每个家庭主妇也应该能够做到这些。每件事物都有属于它自己的位置，每个位置上也都应该有与之相应的事物。每件事情都需要花费时间来完成，所以任何事情都应该及时有效地完成。

成功者都是珍惜时间，并会管理自己时间的人。他们的工作不是从他们的任务开始，而是从掌握时间开始。他们并不以计划为起点，认清他们的时间用在什么地方才是起点。

所有的成功者都有一个共性：他们会仔细思考如何利用自己的时间资本。在时间资本上运用得当使得他们总是可以获得最大的回报。

拿破仑·希尔说："一切节约归根到底都是时间的节约。"时间管理就是对时间的节约，一切浪费也都是对时间的浪费，得到时间就得到了所有。

洛克菲勒曾经感慨：人生中最令人感到挫折的，莫过于想做的事太多，结果不但没有足够的时间去做，反而因想到每件事的步骤繁多，而被难以做到的想法所支配，以致一事无成。其实你应该明白，并非所有的行动都必然产生好的结果，只有明智的行动才能带来有意义的结果，所以聪明人只会做那些可以获得正面效果的工作，做与完成最终目标有关的工作，这样，时间才能为你所用，你也将作出最有价值的贡献。

美国有一位企业家曾悬赏，如果谁能教他"节约时间"的办法，他就给予2万美元作为赏金。

最后得到赏金的人提供给他的方法其实很简单：只要求该公司的管理者在每天快下班时将明天要做的8件最要紧的工作列在一份表上，然后，按照重要性依次编写。第二天，只要每完成一件工作就将它删掉，直到所有工作都做完为止，假使仍有些工作还未完成，就将它们列入第二天的工作表，继续执行，结果成效显著。

每个人的时间都是相等的，但是每个人的工作效率却不同，关键就在于我们对时间的合理安排与运用，能否使其发挥最大的效率。抓住并利用每一分钟是所有伟大的成功者所具备的共同特征。因为只有知道时间价值的人才知道时间的珍贵，知道它是一旦被浪费就绝难找回的资源。

一个能够合理利用时间的人,可以在最短的时间里完成一件事情;相反,一个不善于管理时间的人,工作起来总会不断被琐事所打扰,在忙忙碌碌,浑浑噩噩中消耗掉最为宝贵的时间。

如果我们渴望成功,那我们就应当摆脱忽视时间的坏习惯,正确认识时间的价值,追赶着时间的脚步日益精进,甚至跑在时间之前。我们所要做的就是利用时光,而非任由它匆匆而过。正当地利用你的时间,你可以用它创造惊人的成就与财富。

让我们再次用流传在哈佛的一句格言来勉励自己:The past today will never be found tomorrow(已逝去的今天永远找不回)。

查尔斯河边的哈佛校园

别让惰性毁了你

哈佛图书馆的墙上曾悬挂着这样一条格言：Never put things you can deal just now to tomorrow(勿将今日之事拖延至明日)。

人们常说"今日事今日毕"，然而现实生活中往往并不能充分实现这一点。因为惰性而产生的拖延时时刻刻发生在我们的身上。

"这项功课还能再放一放……"

"要到明天才截止呢，还不急……"

"这件事等明天再说吧……"

相信这样的话，你我都听过不少。我们认为只是迟一些完成并不会对结果造成怎样的改变，拖延一会没什么大不了。可恰恰是不起眼的一点点拖延，导致我们心烦气躁却又无可奈何。长此以往，更是阻碍了个人发展，成了禁锢我们更上一层楼的枷锁。

或许说绝不拖延是老生常谈，但也说明了它的必要。唯有立即行动才能改变命运，立即行动才能创造更多的机会。一会儿的拖延，存在太多的意外。你永远也不会提前知道，你拖延的这几分钟，几小时，几天，失去的会是什么。

无论是工作、学习还是生活，都是一点点也拖延不得的。许多时候，一刻的执行延误会造成巨大的损失、全局的失败，想挽回却无论如何都来不及了。

我们每个人或多或少都存在着"惰性因子"，它不时出现，影响我们的工作、生活，让我们养成"拖延"的坏毛病。拖延是一种阻碍人成功与发展的恶习，是可怕的精神腐蚀剂。

"今天实在是太累了,我已经做了那么多了,不如休息一下吧。这件事等到明天再做也可以。"这是一句我们常常为自己开脱的话语。适当的休息是必需的,但如果总是对自己这样说,依然每天拖延着事务,这就是惰性了。

试想一下,你如果拖延了一件事,那必定就占用了之后处理其他事情的时间,如此积累,你将拖延多少事,浪费多少机遇,造成多大的损失呢? 不仅如此,拖延的习惯还会反过来滋长人的惰性,久而久之,人便失去了前进的动力。更可怕的是,我们总是对因为拖延时间而造成的结果懊恼不已,但转眼却把教训和懊恼抛之脑后,在下一次遇到类似的情况时,又会惯性地拖延下去。

我们周围,被惰性毁了的人并不在少数,他们失去了前进的动力,对任何事情都不感兴趣,满足于止步不前,甚至浑浑噩噩地过日子,不知道自己要干什么。惰性让我们习惯平庸,让人总是等待机遇而不是主动追求,有了行动也主动放弃。

从前有个小男孩,非常聪明,但在长久的夸奖声中,他渐渐开始偷懒,想靠投机来获得成功。

这天,小男孩有幸和上帝进行了对话。

小男孩问上帝:"一万年对你来说有多长?"

上帝回答说:"像一分钟。"

小男孩又问上帝:"一百万元对你来说有多少?"

上帝回答说:"相当一元。"

小男孩对上帝说:"你能给我一元钱吗?"

上帝回答说:"当然可以。请你稍候一分钟。"

凡事皆不是唾手可得的,天下没有免费的午餐,即使在上帝那里也是一样。任何的投机行为都不会带来长久的荣耀,上帝永远只保佑

起得最早的人。

许多成功人士都曾经被问到成功的秘诀，或许每个人的经历、机遇都不尽相同，但是有一点是共同的，那就是在工作和学习中绝不偷懒，果断地去做该做的事。

达·芬奇曾经说过："勤劳一日，可得一夜安眠；勤劳一生，可得幸福长眠。"如果一个人懒惰一天，那便是浪费了一天的光阴，可能浪费了一个绝佳的成功机会；如果一个人懒惰一生，那就是毁了自己的人生，让自己带着失败的烙印走向死亡。

人都有偷懒的时候，但是成功者与失败者的区别在于对待偷懒行为的不同方式。成功者在心里有一个目标，也有一条准则，准则督促着自己不要懒惰，要向目标不断迈进。而失败者则放纵着自己的懒惰，让懒惰成为一种习惯，仿佛在享受一种闲适，其实在虚度自己的人生。克雷洛夫告诉我们：好逸恶劳，人之常情。正因这是人之常情，人才需要不断鞭策自己。

在工作和学习中，我们也常常会产生倦怠感，在琐事上浪费时间、

哈佛怀德纳图书馆

精力,对工作和学习提不起兴趣,不愿意行动,直至最后期限到来才无奈应付,完成工作或作业。无论是上述的哪一种倦怠,都会对我们的个人发展产生危害。

一位生命科学专业的学生在实验室协助他的教授做实验,实验结束后,学生见这位哈佛的知名教授非常和蔼可亲,于是伸出手来对教授说道:"老师,很多人都说我的生命线很长,您看呢?"

教授看了一眼学生的手掌,笑着点点头道:"确实很长。"

学生欣喜地说道:"那我将来的科学研究道路就能比别人走得更长了。"

教授想了想问道:"你知道按照 DNA 的组合推算,人的寿命能够达到多少吗?"

学生摇了摇头回答:"不清楚。"

"1 200 岁。"教授看着学生诧异的表情继续说道,"没错,按照 DNA 组合的推算,人们能够活到 1 200 岁呢。"

学生不解地问:"可是现实生活中活到 100 岁都是一件极其不容易的事情。"

教授回答:"因为生活会有损耗。我们每一天的日常活动都会对DNA 有所折损。我们说话、吃饭、思考……每时每刻的活动都在损耗自己的 DNA,因此我们的生命不可能达到理论上的长度。"

学生震惊地喃喃道:"所以说,我们维持现在的生命是以损耗未来的生命为代价……换句话说,我们什么也不做,是不是可以活得更长?"

"事实上不可能,我们生活着就不可能不损耗。"教授继续循循善诱道,"但问题是,按照生活的损耗来看,那些著名的科学家应该损耗了更多的 DNA,而普通人的损耗比他们少,理应活得更长,不是吗?"

学生疑惑地回答："听上去是这样,但事实却并非如此……"

教授笑着点头说道："确实并非如此,所以答案只有一个:人们都在损耗自己的生命,只是有些人将消耗的 DNA 投入有意义的事情当中去,有些人浑浑噩噩过一天算一天,生命同样在缩短,结果却完全不同。怎样利用自己有限的时间才是关键。"

人人都是时间的消费者,但大多数人却是时间的浪费者。

这个故事中的学生觉得自己拥有更多的时间,因此会获得更高的成就,然而教授却让他明白,这并不是必然的。因为每个人每天所拥有的时间都是一样多,所以时间管理的问题本身不在于时间,而是在于我们如何善用及分配自己的时间。

那么,我们应该如何管理时间才能使它更有价值呢?

不少成功人士都是非常勤勉的人,也是非常善于计划自己时间的人。他们绝不会把事情拖到明天,也不会因为个人的惰性而影响工作、生活的节奏。

老罗斯福总统就是这样做的一个典范:当一个分别很久只求见上一面的客人来拜访他时,老罗斯福总是在热情地握手寒暄之后,便很遗憾地说他还有许多别的客人要见。这样一来,他的客人就会很简洁地道明来意,便告辞而返。

或许有的人会说,自己天赋不错,比起其他人来说可以偷懒,有懒惰的资本。但是如果你仅仅将标准放在那些天赋不如你的人身上,总有一天,他们也将超过你,而惰性也将埋没一个人的天赋,毁了他的个人发展。

明天似乎永远都在等着我们,但谁都无法预料明天的事。在成功的职业人眼中,今天是最能掌握在自己手中的,所以立即行动,只争朝夕。而在拖沓的人的头脑里,出现得最多的就是"明天"。殊不知"明日复明日,明日何其多",总想把事情放在明天,结果要么事情越拖越多，要么就会错过大好机会。

一位哲学家在古罗马的废墟里发现了一尊双面神像。由于从来没见过这样的神像，哲学家好奇地问它："你是什么神啊，为什么有两张面孔呢？"

神像回答："我的名字叫双面神。我可以一面回视过去，吸取教训，一面仰望将来，充满希望。"

哲学家又问："那么现在呢？最有意义的现在，你注视了吗？"

"现在！"神像一愣，"我只顾着过去和未来，哪还有时间管现在？！"

哲学家说："过去的已经逝去了，将来的还没有到来，我们唯一能把握的就是现在；如果无视现在，那么即使你对过去和未来了如指掌，那又有什么意义呢？"

神像一听，恍然大悟，他失声痛哭起来："很久以前，我驻守这座城时，自诩能够一面查看过去，一面瞻望未来，却唯独没有好好把握现在。结果，这座城池被敌人攻陷了，美丽的辉煌成为过眼云烟，我也被人们唾骂而弃于废墟中了。"

漫漫人生路，可以有所作为的时候也许只有一次，那就是现在。然而，许多人却在悔恨过去或担忧未来之中浪费了大好时光。

不知您是否有过这样的感觉：内心涌起无限美好的远景，对未来突然充满了信心；或是一个绝妙的灵感闪过脑海，恨不能立即付诸实施？

然而回顾过去，又有多少灵感和愿景真的被付诸实施？有多少计划因为我们自身的惰性而被拖延甚至放弃？

赶快放弃对昨日的懊悔，也不要沉迷于对未来不着边际的畅想，赶走惰性，立即行动起来吧。在这里，与您分享一句著名的英语谚语：

Yesterday is a history, tomorrow is a mystery, only today is a

gift, that's why we call it present.（昨天是历史，明天是未知，只有今天是一份礼物。这就是为什么我们将今天称为"现在"）（present，在英语中另译为赠品、礼物）。

哈佛首位女校长，德鲁·吉尔平·福斯特

时间正在流逝

哈佛图书馆墙上所悬挂的格言中，最为简洁却也是流传最广的或许就是这一句：Time is passing（时间正在流逝）。时间就好比奔腾的流水，匆匆而过，一去不返，人们抓不住也留不住。正因为时间不会为我们停留，人们才更需要珍惜时间。

17世纪哈佛学生收到的最著名的忠告信有两封流传了下来，其中一封就是当时著名的牧师、1653年在哈佛大学获得文学学士学位的小托马斯·谢伯德所撰写的忠告信《时光宝贵，切勿虚度》，其主要内容如下：

要记住如今是一个更为光明和睿智的时代，因此你在知识和学问上如果没有过人之处，就称不上是一个学者。一小时的懒惰如同一小时的醉酒一般同样让人羞愧。请各位不要因为以下的事情虚度你宝贵的时间：

和懒散的伙伴们做一些无意义的事情；

对你的工作或学业厌倦；

内心沮丧地认为自己永远达不到知识的巅峰；

自我感觉过于良好，认为该学的都学到了……

时光绝对不能虚度，懒惰已经不知毁掉了多少大学里的花季青年……不要认为虚度时光并不重要，时光一旦虚度，就再也找不回来了，此后一生都无法找回来。

这是当时的哈佛学生在校期间收到过的忠告信,正如同学校图书馆墙上的格言一般,时时刻刻提醒着学生们这个残酷的现实:时间正在流逝。

或许有人会说,他们时常觉得时间不够用,或是觉得自己已经错过了最好的时机,悔之已晚。然而事实是,只要真心想去做一件事情,任何时候开始都不算晚。

在哈佛,据说有一个著名的理念,叫做"有教无期",意思是获得教育没有绝对的期限。这也是为什么哈佛之中总有数名60岁以上的老人在求学。他们当中有年轻时放弃了学业现在重新回归的老学生,也有年老时才注册课程的古稀之年的学子。2006年哈佛就有一位82岁高龄的学生毕业,而她是在75岁时才注册了哈佛的课程,并宣称年龄并不是求知的障碍。

威廉姆斯小时候最大的愿望是成为一名作家,他相信凭借自己的天赋,30岁之前应该就能获得成功。

然而事与愿违,当他在生活中随波逐流时,他的梦想也早已离他远去。

在庸庸碌碌地过了几十年之后,在威廉姆斯55岁时,他的一个旧时的同学来看望他,并带来了自己的第五本著作。威廉姆斯接过同学手中的作品,心中懊恼不已,昔日的理想就这样与自己擦肩而过。

威廉姆斯一度想要在他55岁时重拾理想,然而想到自己的年龄,他叹了口气,再次放弃了理想。

威廉姆斯65岁时,身体状况不佳,他又深深后悔自己没能在55岁时开始写作,否则的话10年积累下来,自己此刻即便离世,也许能留下不少作品了吧?

时间再次匆匆而过,熬过了病痛的威廉姆斯继续浑浑噩噩地生活，直到 73 岁那年，他旧时同学再次来看望他，并带来了自己的最新作品。威廉姆斯颤抖着接过作品，内心因为懊悔和自责备受煎熬。然而他已经是古稀之年，还有多少余力从事写作呢？

就这样威廉姆斯直到 85 岁去世那年，终于意识到他 55 岁时，一切都还不晚，他曾经有过 30 年时间去弥补错失的理想……

如果我们将现实比作此岸，理想比作彼岸，中间隔着湍急的河流，那么行动则无疑是架在河流上的桥梁。只有行动才会产生结果，行动是达到目标的唯一途径，任何伟大的目标、伟大的计划，最终必然要落到行动上。

在一个古老的国度，有一对好朋友相伴去遥远的地方寻找人生的幸福和快乐。

他们一路上风餐露宿，在即将到达目标的时候，遇到了一望无垠的大海，由于风高浪急，他们被迫止步于此。但海的彼岸就是幸福和快乐的天堂，他们不愿就此放弃，于是其中一人建议采伐附近的树木结成一条木筏，然后渡过海去。而另一人则认为，无论采取何种办法都不可能渡得了这么宽大的海，与其自寻烦恼找对策，还不如等海水流干，再轻轻松松地走过去。

于是，建议造木筏的人每天砍伐树木，辛苦地制造木筏，并顺带学会了游泳；而另一个人则每天躺在树下休息睡觉，醒来后到海边看看海水流干了没有。直到有一天，造好木筏的朋友准备扬帆出海之时，另一位朋友还在讥笑他是在做"无用功"。

造木筏的朋友并没有生气，临走前只对他的朋友说了一句话："去做每一件事不见得都会成功，但不去做，则一定没有机会获得成功！"

事实证明，大海终究没有干涸，等待海水流干的朋友始终还是在等；而那位造船的朋友在经历一番狂风巨浪之后，终于到达了幸福快

乐的彼岸。

建造木筏的朋友将自己的愿望化作了积极的行动,他虽预料到自己在出海的过程中可能会遭遇风浪之险,甚至因此而丧命,但为了追求理想中的幸福,他义无反顾地选择了前进;而那位奢望海水能够干涸的朋友,只贪图眼前的安乐,将希望寄托于他物而不主动积极地争取,注定被自己的懒惰和退却所害。

天下没有免费的午餐,种瓜得瓜,种豆得豆,要使梦想成真,放开手脚去做是最有效的办法。

曾有一位六十多岁的老人,经过长途跋涉,克服了重重困难,终于从纽约步行到了佛罗里达州的迈阿密。记者在采访她时问道:"途中的艰难是否曾经吓倒过您?而您又是如何鼓起勇气来完成这次旅行的?"

"走一步是不需要勇气的,"老人答道,"我所做的就是这样:我先走了一步,接着再走一步,然后再走一步,我就是这样走到了迈阿密,完成了我的徒步旅行。"

当我们制定目标的时候可以坐下来用脑子去想,实现目标却必须落实到扎扎实实的行动中。当目标制定好之后,你应该坚决地投入行动中去,观望、徘徊、畏缩都会使你延误时间,以致使计划化为泡影。行动是医治畏惧和惰性的最好方式,如果你确定好了目标,那就勇敢地走一步,再走一步吧,如果你能够使你的脚步永不停歇,你也可以走到你自己的"迈阿密"。

行动,其实质就是付出,付出时间、精力、财物、汗水甚至鲜血……行动的道理或许大家都懂一些,但人们一旦想把理想化为行动时,往往还是会犹豫不决,畏缩不前,"语言的巨人,行动的矮子"不在少数。

那么人们为什么会害怕行动？分析其中原因，大致可以概括为如下三种：

首先，心态不够积极。

有的人还未行动或者在行动的起步阶段，就先想到了消极的一面，想到了失败的可能性。这种恐惧心理会摧毁我们的自信，关闭我们的潜能，束缚我们的手脚，使我们遇事不敢轻举妄动。

其次，害怕冒风险。

人们对于改变，多多少少会心生一种莫名的紧张和不安，即使面临代表进步的改变也会如此。行动总避免不了风险的存在，所以人们很容易会出现左顾右盼、犹豫不决、拖延观望的心态。特别是当形势严峻时，人们太习惯于保全自己，过多地将注意力集中在"怎样才能减少自己的损失"而不是考虑"怎样发挥自己的潜力"上。

再次，不愿付出。

人或多或少都有自私的天性，原因就是出于自我保护的本能，付出意味着"失去"，而行动意味着要付出。在这些人的内心，害怕行动归结于他们不愿做过多的付出。

说到底，行动除了是一种能力，还是一种心态，行动的障碍只有靠行动才能解决。车尔尼雪夫斯基就曾说过："实践是个伟大的揭发者，它暴露一切欺人与自欺的行为。"

很久以前，村里住着一位捕鱼的老人，老人和他唯一的儿子一直住在海边。由于老人常年以捕鱼为生，而且捕鱼的技术又特别好，村里的人都称他为"渔王"。

老人一直希望儿子能够继承他的衣钵，所以竭尽所能将捕鱼的方法和技巧都传授给了他。但是令渔王伤心的是，在他的悉心调教下，

儿子的捕鱼技术仍十分平庸，没多大进步。

这天，一位哲人来到这个小渔村，渔王热情地招待他到家里做客，并且准备了一桌鱼宴招待他。哲人说道："真的很好吃，想必您儿子的技术更是青出于蓝而胜于蓝。"

渔王听闻此言，忍不住向哲人抱怨起了自己的苦恼："从小开始，我就手把手地教他怎样撒网，怎样捉鱼。可以说，我把一个捕鱼人所有的本领以及我自己多年总结的经验一滴不漏地传授给了我的儿子，可是令我想不通的是，他的技术还不如一个普通的渔民之子。"

哲人听了，问渔王："你每次出海，他都跟着你吗？"

"那当然！"渔王说，"为了不让他走弯路，我一直让他在我旁边，亲自示范给他看，把技巧和注意事项都告知于他，连很多细节之处都不会错过。"

哲人点了点头，说道："这就是他为什么捕不好鱼的原因了。你虽然教给了他一流的捕鱼技术，却忽视了让他自己去实践的重要性。要知道，看人挑担不累，虽然他懂得了所有捕鱼需具备的知识和技术，也看到了你凭借这些技术捕到了大量的鱼，但对于他自己来说，却没有实实在在的行动，因而也就无法真正地领会其中的含义。"

看和学习是一回事，实践和行动是另一回事，前者可以为后者提供必要的动力和成功的基本条件，却不能完全代替后者，永远是你采取了多少行动让你更接近成功而不是你知道多少。所以不管你现在决定做什么事，不管你设定了多少目标，你一定要立即行动。

许多人做事都有这样的习惯：不到"万无一失"不行动，其实在很多情况下，周密的计划只不过是一个拖延或不想行动的借口。

首先，我们树立的生活上和工作中的目标，绝大部分不是"生死攸关"的大计划，即使贸然行动，也不会有什么大不了的严重后果发生。

其次，既然目标是对未来的设计，那就必定存在许多我们把握不准的因素,比如:"我所设定的目标真的适合自己吗?""这个目标的可行性如何?""中间如果出现这样那样的问题我该如何处理?"等等——只有行动才是最好的检验师。

"穿上鞋子才知道哪里夹脚。"当你有了梦想,有了目标,有了可以执行的计划,那就可以行动了。世界是不会停下来等你的,"万事俱备"的苛刻条件也只是偶然才会出现。没有行动,很多缺失的盲点和被忽略的问题便不会出现。先行动起来,在行动中逐步去检验,去完善。

1921 年 6 月 2 日,无线电通信诞生整整 25 周年。美国《纽约时报》对这一历史性的发明,发表了一篇简短的评论,其中有这样一句话:现在人们每年接收的信息是 25 年前的 25 倍。

对这一消息,当时在美国至少有 16 个人作出了敏锐的反应,那就是——创办一份文摘性刊物。

在三个月时间里,16 位有先见之明的人士不约而同地到银行存了 500 美元的法定资本金,并领取了执照。然而当他们到邮政部门办理相关发行手续时却被告知,该类刊物的征订和发行暂时不能代理,如需代理,至少要等到第二年的中期选举以后。

得到这一答复,16 人中的 15 人为了免缴执业税,向新闻出版管理部门递交了暂缓执业的申请,只有一位叫德威特·华莱士的年轻人没有理睬这一套。他回到暂住地,和他的未婚妻一起糊了 2 000 个信封,装上征订单寄了出去。

在世界邮政史上,这 2 000 个信函也许根本不算什么,然而,对世界出版史而言,一个奇迹却由此诞生了!到 20 世纪末,德威特·华莱士夫妇所创办的这份文摘刊物——《读者文摘》,已拥有 19 种文字、48 个版本,发行范围覆盖 127 个国家和地区,订户 1.1 亿,年收入 5 亿美元,在美国百强期刊排行榜上,几十年来一直位居第一。

如果我们真正领悟"时间正在流逝"的残酷现实，那么我们就必须知道立即行动的道理。正如哈佛一条广为流传的格言所叙述的那样：The second that is too late is the quickest time to restart.（当你发现为时已晚的那一秒，正是重新开始的最快的时刻）。

哈佛大学校区

第三章　独立思考、善于思考

哈佛人各有主见。

——著名作家塞缪尔·莫里森在《哈佛三百周年》的纪事中一再强调这个观点，认为这或许能够和"真理"一起，成为哈佛的又一校训。

思考比学习更重要

在哈佛,学生的课堂发言往往算作全年学业成绩的重要组成部分,特别是在商业类课程中,计分权重甚至高达50％。因为哈佛的理念是,对于学生而言,思考往往比学习更重要。

当代哈佛最著名的学生之一比尔·盖茨这样说过:"学习的最大好处不总是在于所记得的内容,而在于它们的启迪,它们对塑造性格的巨大影响。"成功的企业领导人知道,那些已经融入一个人体内的、随时可用的少量知识要比空泛而无用的大量知识成就更多的事业。他向青年人忠告:如果我们能够始终让自己的想法牢牢地占据在脑海中,让它们始终占据自己思想的中心,这些思想就会深深地影响自己,从而有条理地规划自己的每一天、每一星期,给自己留出足够的时间去冷静地思考,往成功的方向去思考。

要最大限度地从学习中获益,就必须注重思考。仅仅熟悉一些事实并不等于获得了力量。如果我们用一无是处的知识来填充大脑,无异于一个劲儿把家具和摆设塞入我们的房子,直到我们自己没有立足之地。

昆虫学家柳比歇夫说:没有时间思索的科学家,那是一个毫无指望的科学家,他如果不能改变自己的日常生活制度,挤出足够的时间去思考,那他最好是放弃科学。

一天晚上,英国著名的物理学家卢瑟福走进实验室,看到他的一个学生还坐在实验桌前做实验,卢瑟福便问学生:"这么晚了,你还在做什么?"

学生答道:"我在工作。"

卢瑟福问:"那你白天在干什么呢?"

"也在工作。"

"那么你早上也在工作吗?"

"是的,教授,我也在工作。"

于是,卢瑟福提出了一个问题:"那么,你什么时候思考呢?"

学生看了看他,无言以对。

在我们的生活中并不缺乏刻苦认真学习的人,但他们的成绩就是上不去;有些人,做事非常勤奋,但也没什么太大的成就感;有些人工作相当努力,但就是赚钱不多,囊中羞涩……虽然他们没有成绩的原因各异,但不思考或少思考无疑是其中很重要的一个原因。

美国《成功》杂志创始人奥里森·马登曾说:"食物只有被充分消化吸收,变成血液、大脑和其他组织的一部分后,才能化为体力、智力和肌肉。同样,知识只有被大脑消化吸收,成为你自己思想的一部分后,才能成为力量。如果你希望获得知识上的力量,除了看书要全神贯注外,还要形成这种习惯:经常合上书,坐着想一想,或是站起来走一走,想一想,一定要思考,要沉思,要默想,要在脑海中反复思量你读到的东西。"

"不怕做不到,只怕想不到",所有的计划、目标和成就,都是思考的产物,可以说,思路决定出路,思考有多远,你就能走多远。

曾有人问爱因斯坦:"你的思维特点是什么?"

爱因斯坦回答说:"如果让普通人在干草堆里寻找一根绣花针,那个人在找了一处找不到之后就不会再找了,而我则要翻遍整个草堆,一定要把散落在里面的绣花针找出来。"

爱因斯坦狭义相对论的建立共经历了10年的沉思,他说:"学习知识要善于思考、思考、再思考,我就是靠这个学习方法成为科学家的。"多走一步,多思考几分,思考是行动的先导,一个人拥有怎样的思

维方式,就会采取怎样的行动,这也就决定了一个人的命运。

正如福布斯所说:"所有的成功都来自严谨的思考,我们是否始终记得这个最朴素、最基本的事实?不仅只有成功,世界上任何事情在成为现实之前都是先在某些人的头脑中以思想的形式存在的。"

伦琴博士是 X 射线的发现者。但是其实在他之前,有很多人已经摸索到了 X 射线的门槛。只不过由于他们都没有对此进行思考和研究,以至于和这项伟大的发现擦肩而过。

1804 年,汤姆生在测量阴极射线的速度时首先观察到了 X 射线,他在论文中提到自己看到了放电管几英尺远处的玻璃管上发出了荧光,但他当时并没有思考这束荧光出现的原理,更没有对此进行专门研究。1880 年,哥尔茨坦在研究阴极射线时,也注意到阴极射线管壁上会发出一种特殊的辐射,使得管内的荧光屏发光。但是他也没有想到要进一步追查根源,于是也错过了发现 X 射线的机会。

1887 年,早于伦琴发现 X 射线的 8 年,克色克斯也曾发现过类似现象。他把变黑的底片退还厂家,认为是底片本身有问题。

而在 1890 年,美国宾夕法尼亚大学的古茨波德也有过同样的遭遇,他甚至还拍摄到了物体的 X 光照片,但后来,他随手把底片扔到了废片堆里。5 年后,得知伦琴宣布发现 X 射线后,古茨彼德才想起这件事,重新加以研究。

其实,在伦琴博士发现 X 射线以前,许多人都知道照相底片不要存放在阴极射线装置旁边,否则有可能变黑。例如,英国牛津有一位物理学家叫史密斯,他发现保存在盒中的底片变黑了,而这个盒子就搁在克鲁克斯型放电管附近,但他只是提醒助手以后把底片放到别处保存,没有认真追究原因……这些科学家虽然都观察到了 X 射线,但

他们在各自的科学道路中没有继续走下去,以至于和"X射线发现者"这个称号失之交臂。

如果汤姆生当初多思考,多走几步,X射线的发现或许就可以提前近一个世纪!如果触及这个领域的科研工作者能够思考得再深一层,或许这项改变人类疾病历史的发现就轮不到伦琴了。

曾经出现过一个错误的说法,说脑子用得多就用坏了。但是,英国神经生理学家塞利斯和米勒经过研究,得出的结论正好相反:用脑越少,大脑的衰老程度越快;用脑越多,脑细胞的衰老反而越慢。这也证明了我们常说的"脑子越用越灵"。

心理学家研究证明:人脑在思考一个问题时,大脑皮层上会留下一个兴奋点,而思考的问题越多,留下的兴奋点也就越多。然后这些许许多多的兴奋点就会形成一个类似于网络的东西,每当你遇到新的问题时,只要触动一点,就会牵扯整个网络进行相关搜索,以此解决问题。

很多人认为只要他们持之以恒地学习,只要在任何闲暇时都一书在手,那么他们必然变得富有教养、充满智慧,其实不然。与阅读相比,思考要重要得多,沉思、默想我们读到的东西,就如消化吸收我们所吃的食物。

人的潜能是无止境的,而思考则是挖掘这个潜能宝库的最佳途径。唯有多思考,才能使脑细胞的细微结构发生变化,才能在大脑皮层中形成更多的兴奋点,才能使大脑对信息的储存、提取和控制的能力有所加强,使大脑更加灵活、敏捷,反应更快。

有许多管理者是这样安排自己生活的:他们尽量每周拿出一个或是两个晚上的时间作为机动时间,这样他们就能够读一点书或是用这段时间进行沉思、反省。还有一些人因为工作忙碌,日复一日、周复一周地为日常工作所驱使,不停地往前走,因此而荒废了思考,而后来的事实往往证明不思考是错误的。

世界著名培训与咨询公司——Alamo 学习系统的首席执行官和创始人盖伊·墨尔先生在他所著的《领导者的优势》一书中这样写道："最近的研究表明,成功的人不会糊里糊涂地混日子,遇到危机时不会东碰西撞、手忙脚乱,他们绝不是有勇无谋的人,相反,他们在解决问题和进行决策时,能够清晰而系统地进行思考。他们掌握了正确的方法,可以处理任何情况下的问题。在处理问题时,他们明白应该首先搞清什么问题,以什么顺序和方法去处理。"

其实,很多工作并不是你做不好,问题在于,你有没有好好思考过怎么去做? 有没有更好的方法,如何才能把它做得更好? 还有哪些环节没有考虑到? 这样的结果是我能达到的最佳效果吗? 还有没有进取的空间? 成功的人都是善于思考的人,即使忙得团团转,他们也会尽量挤出时间来思考。而正因为思考,他们才会比其他人成功。

弗兰克·万德里普任美国最大的银行董事长时,每天的工作日程都排得满满的,总是一个会见接着另一个会见,一个会议接着下一个会议。有一次,《福布斯》杂志创办人福布斯问他:"你在什么时候才能够找出时间进行思考呢?"他回答说:"你肯定能够想象得出来,在银行里我是不可能找出一丁点儿的空闲来思考的,我只好在回到家里的时候才思考。"

古往今来,人类多少伟大的创新和变革都是源于思考:瓦特看到水沸腾了,锅盖往上顶,他思考了,于是蒸汽机史上有了里程碑式的变革;阿基米德洗澡时走进浴缸中,看到水满溢出来,他思考了,于是流体静力学原理面世了;伦琴博士不小心将照相底片放在了阴极射线装置旁边,底片变黑了,他思考了,于是 X 射线被发现了,诊断史上出现了一个重大的里程碑。

懂得思考之道,会帮助你找到人生新的起点;善用思考的力量,成功将会离你越来越近。多学,多想,多换几个角度观察和思考问题,比他人多走几步,比之前的自己多走几步,你就会发现,自己也能够成为

天才。

在美国有线电视网的一次采访中，记者曾问美国前劳工部秘书长："是否可以找到一种捷径来改善美国劳动力的素质？"对这个每年美国政府需要花费大量资金的问题，他回答得非常简洁："唯一的希望在于思维技巧。"

21世纪是脑能科学的时代，人类的竞争归根结底是脑能的竞争，脑能竞争的实质便是思考力的竞争。思考被成功学大师拿破仑·希尔誉为可以主宰成功的最重要因素之一，更被麦肯锡认为是优秀职业人士必备的一项关键能力。谁学会思考，善于思考，尽可能多地发挥大脑的功能，谁就容易获得成功。

哈佛大学图书馆外观

要有颠覆和批判的眼光

著名作家塞缪尔·莫里森在《哈佛三百周年》的纪事中一再强调：哈佛人各有主见。他认为，这个观点或许能够和"真理"一起，成为哈佛的又一校训。

事实的确如此。著名的哈佛校友坎布里奇在其著作《美丽的哈佛》中这样写道：

现在哈佛大约有9万名校友。你将发现，在哈佛，观点不一致是极其常见的。哈佛本身就意味着思想的冲突，而冲突往往带来激情和火花。有时候，识别哈佛人的一个明智方法就是：看他是不是一个少数派。有关学识的争议再多也不嫌多，正因为有争议，才会百花齐放，这正是哈佛的伟大之处。

哈佛鼓励学生具有颠覆和批判的眼光，由此不禁想到美国的教育理念。一位旅居美国的朋友曾经说起过这样一件事：几年前，他在美国居住的时候，曾读到理查德·斯卡利著的美国儿童读物《小兔子之书》，让他小小地吃了一惊。因为在书的末尾，他读到了与中国传统教育完全相反的内容：

乌龟总以为它们能在赛跑中击败兔子……但事实上，它们不可能做得到。

而且他还告诉我，当时，他曾经问过自己在美国上幼儿园的儿子："乌龟能在赛跑中击败兔子吗？"

小孩子仰起头不假思索且毫不犹豫地回答："当然能啦,因为兔子太骄傲自满了嘛!"

时隔多年之后,这位朋友又问了他同一个问题:乌龟和兔子哪个跑得更快?

"你猜怎么样?他轻轻地哼了一声,竟然不屑回答我的问题。看我非要他回答不可,便不耐烦地说:'乌龟怎么可能跑得过兔子嘛!'"这位朋友笑着对我说道。

"后来,我在家里为儿子举办了一个生日派对,他邀请了一些小伙伴来家里作客。我私下问了儿子的几个同学这个问题,可能问题来得太唐突,而且又过于简单,几个小朋友以为我在搞什么名堂,但在我稍加催问下,几乎所有的小朋友都回答是兔子跑得快。"

我觉得朋友的这个尝试很有意思,于是便打电话给一位做小学老师的同学,希望他帮忙问问他的学生们,看看他的学生是怎么回答的。

后来,同学告诉我,他问过十来个孩子,十之八九就表示乌龟跑得快,原因是兔子太骄傲自满了……

"龟兔赛跑"的故事在中国可谓是家喻户晓,老少皆知。几乎所有的孩子都接受过师长这样的灌输:

由于兔子以为自己必胜无疑,心生骄傲自满之心,于是在中途睡了一觉,却没料到竟然睡过了头,乌龟便把兔子甩在了后面,战胜了它……

因为每每讲到这个寓言,老师们更多强调的是孩子们要从这个故事中学到其深刻的含义和蕴含的哲学道理,以至于忽视了其他因素如一些客观的、不争的科学知识。到最后强调的次数多了,小朋友们便只注意到寓言的说教和内在的哲理而忽视了科学的事实。

这不由令我想到从朋友处听来的故事,说的是美国的某个小学上文学课,老师正在讲《灰姑娘》的故事。

老师先请一个孩子上台给同学讲一讲这个故事。孩子讲完后,老师对他表示了感谢,然后开始向全班提问。

老师:你们喜欢故事里面的哪一个?不喜欢哪一个?为什么?

学生:喜欢辛黛瑞拉(灰姑娘),还有王子,不喜欢她的后妈和后妈带来的姐姐。辛黛瑞拉善良、可爱、漂亮。后妈和姐姐对辛黛瑞拉不好。

老师:如果在午夜12点的时候,辛黛瑞拉没有来得及跳上她的南瓜马车,你们想一想,可能会出现什么情况?

学生:辛黛瑞拉会变成原来脏脏的样子,穿着破旧的衣服。哎呀,那就惨啦!

老师:所以,你们一定要做一个守时的人,不然就可能给自己带来麻烦。另外,你们看,你们每个人平时都打扮得漂漂亮亮的,千万不要突然邋里邋遢地出现在别人面前,不然你们的朋友要吓着了。女孩子们,你们更要注意,将来你们长大和男孩子约会,要是你不注意,被你的男朋友看到你很难看的样子,他们可能就吓昏了。

(老师做昏倒状,全班大笑。)

老师:好,下一个问题:如果你是辛黛瑞拉的后妈,你会不会阻止辛黛瑞拉去参加王子的舞会?你们一定要诚实哟!

学生:(有孩子举手回答)是的,如果我是辛黛瑞拉的后妈,我也会阻止她去参加王子的舞会。

老师:为什么?

学生:因为,因为我爱自己的女儿,我希望自己的女儿当上王后。

老师:是的,所以,我们看到的后妈好像都是不好的人,其实她们只是对别人不够好,可是她们对自己的孩子却很好,你们明白了吗?她们只是还不能够像爱自己的孩子一样去爱其他的孩子。

老师:孩子们,下一个问题:辛黛瑞拉的后妈不让她去参加王子的舞会,甚至把门锁起来,但她为什么能够去,而且成为舞会上最美丽

的姑娘呢?

学生:因为有仙女帮助她,给她漂亮的衣服,还把南瓜变成马车,把狗和老鼠变成仆人。

老师:对,你们说得很好!想一想,如果辛黛瑞拉没有得到仙女的帮助,她是不可能去参加舞会的,是不是?

学生:是的!

老师:如果狗、老鼠都不愿意帮助她,她能在最后的时刻成功地跑回家吗?

学生:不会,那样她就可以成功地吓到王子了。(全班再次大笑)

老师:虽然辛黛瑞拉有仙女帮助她,但是,光有仙女的帮助还不够。所以,孩子们,无论走到哪里,我们都是需要朋友的。我们的朋友不一定是仙女,但是,我们需要他们,我也希望你们有很多很多的朋友。

老师:下面,请你们想一想,如果辛黛瑞拉因为后妈不愿意她参加舞会就放了机会,她能成为王子的新娘吗?

学生:不会!那样的话,她就不会到舞会上,不会被王子看到,认识和爱上她了。

老师:对极了!如果辛黛瑞拉不想参加舞会,就是她的后妈没有阻止,甚至支持她去,也是没有用的,是谁决定她要去参加王子的舞会?

学生:她自己。

老师:所以,孩子们,就是辛黛瑞拉没有妈妈爱她,她的后妈不爱她,这也不能够让她不爱自己。就是因为她爱自己,她才可能去寻找自己希望得到的东西。如果你们当中有人觉得没有人爱,或者像辛黛瑞拉一样有一个不爱她的后妈,你们要怎么样?

学生:要爱自己!

老师:对,没有一个人可以阻止你爱自己,如果你觉得别人不够爱你,你要加倍地爱自己;如果别人没有给你机会,你应该加倍地给自己机会;如果你们真的爱自己,就会为自己找到自己需要的东西——

没有人能够阻止辛黛瑞拉参加王子的舞会,没有人可以阻止辛黛瑞拉当上王后,除了她自己。对不对?

学生:是的!!!

老师:最后一个问题,这个故事有什么不合理的地方?

学生:(过了好一会)午夜12点以后所有的东西都要变回原样,可是,辛黛瑞拉的水晶鞋却没有变回去。

老师:天哪,你们太棒了! 你们看,就是伟大的作家也有出错的时候,所以,出错不是什么可怕的事情。我担保,如果你们当中谁将来要当作家,一定比这个作家更棒! 你们相信吗?

孩子们欢呼雀跃。

这种授课方式非常符合哈佛鼓励独立思考并引导学生思考的精神。联想到我国的初小教育,从未体验以及听说过老师是以这样的形式来授课的。在我国,老师对于同样一个《灰姑娘》的故事,几乎无一例外,所强调的必然是里面的后母和两个姐姐有多坏,到头来终于自食其果,不断伤了自己的双脚,最终依然没有得到王子的垂青;而灰姑娘由于她为人善良,所以得到了仙女和其他小动物的帮助,最终获得了幸福,因为好人有好报……

而美国老师在他们的讲课中,着重体现的是一种引导性的教育方式。很多时候,老师不会将结果或刻板的结论直接灌输给学生,而是通过多方面多角度的引导,让你独自去思考并得出自己的结论。

在哈佛大学,即便老师告诉学生他的观点,他也随时欢迎学生来质疑自己,提出不同的观点或建议,只要学生能够通过自己的方式证明自己的观点,无论这个结论被证明是对的或是错的。这对于学生的发展是很有好处的。因为在这个自我思考的过程中,学生所获得的其实是一种独立思辨、自我学习的能力,而这种能力正是社会和企业所需要的能力。

这是美国一家大公司总裁招聘员工时亲自出的题目——

你开着一辆豪华轿车,在一个暴风雨的晚上,经过一个车站,在车站内有三个人正在焦急地等待公共汽车的到来。

一个是快要病死的老人,生命危在旦夕。

一个是医生,他曾救过你的命,是你的恩人,你做梦都想报答他。

还有一个是你一见倾心的异性,如果错过了,你一辈子都会后悔。

但你的车只能坐一个人。

你会如何选择,让谁坐上你的车呢?并请解释一下你的理由。

答案自然是五花八门,有的人回答说老人快要死了,应该首先救他。然而,立刻有人反驳,每个老人最后都只能把死作为人生的终点,他们怎么也逃不过死亡的追赶。于是又有人主张先让那个医生上车,因为他救过你,这应该是个报答他的好机会。但是你也可以在将来某个时候去报答他,也许他会有更需要报答的时候。最后终于有人提出应该先把一见钟情的异性带走,因为不然的话你会终身遗憾。上帝安排的巧遇不应就此错过。

那么最佳的答案是什么呢?我们可以参考这样一个绝妙的答案:"把车钥匙给医生,让他带着老人去医院,我留下来陪伴一见钟情的人等候公共汽车!"

故事中,总裁要的或许并不是直接的答案,而是思索问题的方式。一个优秀的企业管理者,尤其注重员工的思维能力,注重员工能不能独立思考,是否善于思考并做出最佳的选择。

哈佛从不鼓励学生盲目服从权威,而是强调学生在独立思考之余,要敢于质疑、善于质疑。被哈佛大学列为学习真理的偶像的亚里士多德曾经说过这样一句名言:"思维是从疑问和惊奇开始的。"一切的事物从未知变成已知,都是因为有人提出了问题,提出了"为什么"。

曾经听说过这样一个事例:

在哈佛的一堂课上,教授为同学们讲述了一种学术理论。教授告诉同学们,这种理论只存在于中世纪某个国家的某一特殊时期,因遭遇宗教以及各方主流派的压力,这个理论很快就被禁止传播了,正规的文献记录中也无法找到它。他一面侃侃而谈,述说着这个理论的内涵,一面又让同学们分析讨论这个理论所包含的思想以及它可能影射的社会现实。

同学们认真地作了必要的记录,并将他们的小组讨论结果也都一一记录下来,大家对讨论的结果感到很满意。

在后来的一次测验中,教授问到了这个题目,于是大多数学生自然将教授在课堂上传达的意思以及小组讨论的结果反映到了考卷上,并认为他们应该获得好成绩。

但当卷子发下来之后,学生们简直惊呆了:在这道问题的答案旁边,划着一个大大的叉!

怎么回事,该不是教授弄错了吧?学生们满腹狐疑,因为他们的答案跟教授之前总结的理论是一致的,这些都记在他们的笔记本上,不可能出错。然而当同学们互相交流之后才发现,这次测验,全班同学得的都是零分。这是怎么回事呢?

教授解释道:"事情其实很简单。关于这个学术理论的一切,都是我自己故意编造出来的,也就是说,它从来就没有出现过。因此,你们所记录下来的,全部都是虚假错误的信息。你们根据虚假的信息所得出的错误结论,当然是不对的。"

不用说,全班同学都感到不可思议:教授这不是和学生开玩笑吗?

教授接着说:"你们本该很容易识破我的把戏。我告诉大家这种学术理论只在某个国家存在过很短的时间,而且也没有留下任何能够

证明它出现过的证据。对此我对它作了看似很详尽的背景分析和理论描述，但这些都是我不可能知道的，然而你们竟对此深信不疑，甚至没有想过去图书馆或是别的教授那里查证这个事情。"

哈佛的教授其实是希望学生能够从这次经验中吸取教训，并告诫每个人要牢牢记住，任何老师和课本都不可能是十全十美的，每个人都难免犯错误。千万不要让自己的脑子"睡大觉"，一旦发现老师或课本上有什么错误，都要立刻指出来，勇于发起质疑。

从这位教授的话语中，我们可以看出，在哈佛的人才教育中，老师对学生质疑精神和质疑能力的重视程度。他们通常以有效的授课方式将这种理念融入自己的教学，鼓励学生对现有的东西发起质疑，养成敢于质疑、善于质疑的学习习惯。

前段时间，国内各类智力问答节目十分火爆。不知你是否注意过这样一个现象，当选手回答了某个问题或作出了某个选项之后，主持人通常会这样问一句：

"对这个答案你确定吗？"

"不改了吗？"

"再给你最后一次机会说出你的答案！"

面对这样的"考验"，很多人会再次陷入沉思，细细斟酌自己的答案，然后再犹豫地作出自己最后的决定。

同样的，在我们的课堂上，尤其是相对讨论较多的大学课堂上，也有类似的情景。学生回答了教授提出的一个问题，教授并不立即判断，而是毫无表情地说："再想一想，你认为自己的答案对吗？"这时的学生，多半不敢理直气壮地说"是！"而更多的是在想，自己到底在哪些地方可能出错了。

可以说，这是一场心理战。其实，在很多情况下，老师这么做的初衷，或许只是想确定学生对于自己的答案是否肯定，是否相信自己所作出的选择。然而,由于中国学生从小习惯于接受权威,习惯于接纳"上对下"灌输式的教育方式,因而即使进入了大学阶段,应当懂得自主学习、独立思考的时候,依然习惯于依赖老师的讲授和理论。当权威对他们发出质疑的时候,常常无法百分百地肯定自己,坚持自己原本的看法,很多人往往会放弃自己思索的结果,而盲从于权威。

而美国的学生通常不会因为这个原因而影响自己的判断,如果他们认为自己是正确的,便会非常坚持自己的观点,甚至同教授探讨、争论。他们从小就被教育要有自己的想法并敢于表达自己的不同意见,只要你有充分的证据能够论证自己的观点,那你所表达的就是有道理的,就会因此而受到老师的表扬或鼓励。

有一天,美国一位生物系大学生尼森正在图书馆里埋头攻读一本名为"生物变种遗传基因研究"的书,这本书虽然他已读过好多遍,但仍然爱不释手。

奇怪的是,当他再次打开这本书的时候,突然有一种异样的感觉,好像这本书总有些什么特别的地方。于是,他仔细注意书中的每一个细节,果然有所发现。原来,在书的内文中共有73处出现了阿拉伯数字,有9处数字下面,出现了模糊的墨迹。如果不特别留心,根本就不会发现。

尼森把这9个数字按在书中出现的先后顺序连起来,就是741256921。尼森认为这其中肯定有什么秘密,他决心揭开这个谜底。

他发动所有的亲属和朋友,到各个图书馆寻找这本书,并按照他提供的页数查看有无相同的印迹。结果发现,在现存很少量的这本著作中,都存在着相同的情况。尼森非常兴奋,他拿着书请专家鉴定,看是不是排版印刷中出现的问题。答案是否定的,专家认为这明显是人为用笔尖点在纸上留下的痕迹。

尼森开始对这本书展开调查,发现这本书是由劳腾斯出版社于1928年出版的,作者是威斯康星大学教授皮尔先生。此书出版时,皮尔教授已61岁,3年后因病去世。此书只印了一版,而且数量极少,只有420册,现今美国各图书馆总共仅收藏十几本。

通过专家帮助和互联网确认,这组号码最后被认定为一家银行地下保险库中一个私人保险箱的密码。在保险箱管理人员的帮助下,尼森找到了皮尔教授的名字,并用这组号码顺利打开了保险箱。

令人惊异的是,保险箱里放着一封用蓝色丝绸包裹着的长信。在这封长达11页的信中,皮尔教授用伤感的文字介绍了自己默默无闻的一生,描述了出版这本书时遇到的艰辛和困难。他说,世人和学术界对这本书的淡漠曾使他伤心至极。因此,他在所有书中的9个阿拉伯数字下面,亲自用笔尖点一滴墨水,将这9个数字连起来,作为保险箱的密码。如果有喜爱这本书的人发现这个秘密,他就把存放在这家银行里的36.34万美元遗产全部赠送给这个人。

在这封信里,还有一张银行提款单和其他相关证明,按美国的相关法律,尼森可以获得这笔钱,而且当时的本息加起来是274万美元。

就这样,尼森一夜之间变成了百万富翁。

如果你同样具备尼森这样刨根问底、敢于质疑、一定要把事情弄明白的思考能力,那么或许你同样在其他的舞台上有可能与这样的机会相遇。

大作家巴尔扎克曾经说过:"打开一切科学的钥匙都毫无疑问的是问号,我们大部分的伟大发现都应当归功于'如何',而生活的智慧大概就在于逢事都问个为什么。"

爱因斯坦也说过:"问题的提出往往比解决问题更重要。我并没有什么特别的才能，不过喜欢寻根刨底追究问题罢了。"如果没有人去思考为什么，所有的人都把等待谜团的解开当成理所当然，那我们永远也无法有现实的超越，永远只能停留在已知的事情上，社会也不会有所进步。

托马斯·阿尔瓦·爱迪生是举世闻名的美国电学家和发明家。翻开人类历史，可以发现，在科学技术史上有过种种发明或发现的人很多，但是像爱迪生那样有那么多发明，而且到 84 岁高龄仍持之以恒、专心致志地不断创新者，可以说极少。

爱迪生诞生于 1847 年 2 月 11 日，爱迪生的一生与美国走向现代化的过程交织在一起，而爱迪生则是这个时代的伟大发明家。

孩子小时候都喜欢问东问西，但爱迪生问的问题则太多太怪，他家的人甚至都不想回答。他常常一个人坐在村庄的十字路口，久久地思考着：清早，太阳为什么总是从东方慢慢地升起来？傍晚，太阳为什么躲到了西边山后去？为什么蓝色的天空里飘浮着朵朵白云？为什么月亮有圆有缺……

一次，他问他父亲："为什么刮风？"父亲回答："阿尔，我不知道。"爱迪生又问："你为什么不知道？"

有一天，到了吃饭的时候，仍不见爱迪生回来，父母亲四下寻找，直到傍晚才在场院边的草棚里发现了他。父亲见他一动不动地趴在放了好些鸡蛋的草堆里，就非常奇怪地问他："你在干什么？"

"我在孵小鸡呀。"原来，小爱迪生看到母鸡会孵小鸡，觉得很奇怪，便想试一试。在回家的路上，他依然迷惑不解地问着父亲："为什么母鸡能孵出小鸡，我就不能呢？"

由于爱迪生对许多事情感兴趣，他经常碰到危险。他 4 岁那年，想看看篱笆上野蜂窝里有些什么奥秘，就用一根树枝去捅，结果脸被野蜂蜇得红肿，几乎连眼睛都睁不开。

　　爱迪生经常到父亲的碾坊去玩。一天,他看见父亲正在用一个气球做一种飞行装置试验,这个试验使爱迪生入了迷。他想,要是人的肚子里充满了气,一定会升上天,那该多美啊!几天以后,他把几种化学制品放在一起,叫他父亲的一个佣工吃下去后飞行。佣工吃了后几乎昏厥过去。

　　由于做这些事情,爱迪生遭到父亲的鞭打,却不能阻止他对一切事情发生兴趣。

　　他6岁就下地劳动,村子中间十字路口长着大榆树、红枫树,他就去观察那些树是怎么长的;沿街店铺有好多漂亮的招牌,他也要去把它们认真地抄写下来,甚至画下来。

　　爱迪生7岁时举家迁到密歇根州休伦北郊的格拉蒂奥特堡后,爱迪生就患了猩红热,病了很长时间。后来,爱迪生的耳朵聋了,人们认为他耳聋是猩红热造成的。

　　8岁时,爱迪生开始上学,由于老师讲课枯燥无味,引不起爱迪生的兴趣,因此他从来没有好好地认真听过课,老师在讲台上教课,他就在下面走动,有时还跑到外面去。

　　一次,在上算术课的时候,教师讲的是一位数的加法。许多学生都静静地听讲,只有爱迪生质问说:"二加二为什么等于四?"他问得老师张口结舌,实在没有办法可以回答。

　　这样,在校学习不到三个月,粗暴的老师把爱好学习的爱迪生拒之于学习大门之外。但酷爱知识的爱迪生并没有因此而消沉,在母亲的帮助下,他走上了自学之路。

　　小爱迪生虽然具有儿童喜欢玩耍的天性,但他不反对母亲的教育,因为母亲教给他的不仅是知识,还有学习方法。春天,树木抽出嫩枝时,她和儿子坐在屋门前,边晒太阳边上课。夏天,庭院里一片葱绿,她和儿子来到高高的瞭望塔上,一面纳凉,一面读书。到了秋天,爱迪生又念上了《鲁滨孙漂流记》《悲惨世界》这一类古典文学作品。

冬天的寒夜里,她又与儿子在一起围火授课。她讲地理,如同把爱迪生带到世界各地周游,穿洋过海,登山探险;她讲英文,又非常注意为儿子打下良好的基础,特别是她教文学,使爱迪生对雨果的作品喜爱不已。在这些教育中,爱迪生深深地感到知识的重要,他说:"读书学习知识,读书对于智慧,也像体操对于身体一样。"他也认为,母亲是真正理解他的人。

由于母亲良好的教育方法,爱迪生对读书发生了浓厚的兴趣。8岁时,他读了英国莎士比亚、狄更斯的著作和许多重要的历史书籍。到9岁时,他能迅速读懂难度较大的书,如帕克写的《自然与实验哲学》。爱迪生如饥似渴,认真读完了这本名著。后来,爱迪生曾回忆说:"《自然与实验哲学》是我第一次读到的科学书籍,那时我还不到10岁。"

爱迪生之所以伟大,不仅仅因为他有聪明才智,有坚持不懈的实验精神,更因为他喜欢在现实生活中发现疑问,并乐于解决它们。

世界的进步就需要一个个的问题来推动,没有问题的提出,怎么又会有人来解决问题呢?

德国哲学家尼采在《查拉图斯特拉如是说》一书中有一段精彩的论述:

查拉图斯特拉决心独自远行。在分手时,他对自己的弟子们说:你们忠心地追随我,数十年如一日,我的学说你们已经可以出口成诵了。但是,你们为什么不以追随我为羞耻?为什么不把我的著作撕毁?为什么不骂我是骗子呢?只有在这时,你们才真正地掌握了我的学说!

知识也需要创新,知识也需要疑问,甚至可以说一切的知识都是

从疑问开始的。仅仅是学会他人的学说,那只是一种模仿,对权威的盲目崇拜。我们需要理性的思考,在学习他人学说的同时建立自己的体系,多问几个为什么,然后自己寻找答案,这比不思考、从来不提出疑问的学习要好上千百倍。不要害怕问"为什么",有时候,一句"为什么"就能够引领你走上成功之路。

哈佛大学校园一景

具备独立思辨的能力

哈佛致力于培养学生的学术自由以及独立思辨的精神。哈佛大学每年新学期的第一周是"自由选课周",在这一星期之中,学生可以自由出入不同的课堂旁听,结合自身需求和兴趣之后,选择自己想要选修的课程并且递交选课表。而在选课表递交的一周之内,学生们还能够自由地删减更换所选课程。

在这样的氛围中,教授们也往往会出奇招制胜,比如有一门诗歌课程,教授就将课堂从教室里搬去了草坪上树荫下,打造出充满诗意的课程环境。

在哈佛精英的制造过程中,独立的思辨能力是必不可少的。对于个人来说,如果他没有说"不"的勇气,没有对既定的东西发起质疑的眼光,而仅仅是人云亦云,随波逐流,那么他又如何能够成为人中之龙凤,有高人一等的学术造诣呢?同样的道理,对于一个着力培养人才、培养精英的高等学府,如果仅仅要求学生规规矩矩治学做人,将老师传授的知识完全吸收消化进而取得优异的成绩,必然也是远远不够的。

说到思辨能力,不如让我们来看下面两则小故事。

在大学课堂上,老师给学生留了一份家庭作业:先阅读一篇文章,并思考提出的问题,等下一节课时再将各自思考的答案告诉大家。

文章的大意是:

年轻的亚瑟国王被邻国抓获。邻国的君主没有杀他,并承诺,只

要亚瑟回答一个非常难的问题,他就可以给亚瑟自由。

这个问题是:女人真正想要的是什么?

这个问题连最有见识的人都困惑难解,何况年轻的亚瑟。于是人们告诉他去请教一位老女巫,只有她才知道答案。女巫答应回答他的问题,但他必须首先接受她的交换条件。这个条件是:让自己和亚瑟王最高贵的圆桌武士之一、他最亲近的朋友——加温结婚。亚瑟王惊骇极了,他无法置信地看着女巫:驼背,丑陋不堪,只有一颗牙齿,浑身发出难闻的气味……

亚瑟拒绝了,他不能因为自己让他的朋友娶这样的女人。

加温知道这个消息后,对亚瑟说:"我同意和女巫结婚,对我来说,没有比拯救你的生命更重要的了。"

于是婚礼宣布了。女巫也回答了亚瑟的问题:女人真正想要的是可以主宰自己的命运!

每个人都立即知道了女巫说出的真理,于是邻国的君主释放了亚瑟王,并给了他永远的自由。

来看看加温和女巫的婚礼吧,这是怎样的婚礼呀——为此,亚瑟王在无法解脱的极度痛苦中止不住地哭泣;加温一如既往地温文尔雅,而女巫却在婚礼上表现出最丑陋的行为:用手抓东西吃,蓬头垢面,用嘶哑的喉咙大声讲话。她的言行举止让所有的人都感到恶心。

新婚的夜晚来临了,加温依然坚强地面对可怕的处境。然而,走进新房,他却被眼前的景象惊呆了:一个他从没见过的美女半躺在婚床上!加温如履梦境,不知这到底是怎么回事。

美女回答说,因为当她是个丑陋的女巫时,加温对她非常体贴,于是她就让自己在一天的时间里一半是丑陋的,另一半是美丽的。她问加温,在白天和夜晚,你想要哪一半呢?

多么残酷的问题呀!加温开始思考他的困境:是在白天向朋友们展现一个美丽的女人,而在夜晚,在自己的屋子里面对的是一个又老又丑如幽灵般的女巫呢，还是选择白天拥有一个丑陋的女巫妻子，但在晚上与一个美丽的女人共同度过亲密时光？

故事结束了，问题是：如果你是加温，会怎样选择？

第二天的课堂上，答案五花八门，归纳起来也就是两种：一种选择白天是女巫，夜晚是美女，因为妻子是自己的，不必爱慕虚荣，苦乐自知就可以了；一种选择白天是美女，因为可以得到别人羡慕的目光，至于晚上，在漆黑的屋子里，美丑都无所谓。

老师听了所有的答案，没有说什么，只是问大家是否想知道加温的回答。大家当然想知道。

老师说："加温没有做任何选择，只是对他的妻子说：'既然女人最想要的是主宰自己的命运，那么就由你自己决定吧！'"

于是女巫选择——白天和夜晚都是美丽的女人！

所有的学生那沉默了：为什么我们没有一个人作出加温那样的回答？

学生们其实都早已从故事中了解了"女人最需要"什么的答案，但是却没有人来运用它来思考和回答老师的问题。而加温却用到了，所以他收获了美丽的妻子。这正是一种独立思辨的能力。

古代印度的舍罕王，打算重赏国际象棋的发明者——宰相西萨。西萨向国王请求说："陛下，我想向您要一点粮食，然后将它们分给贫穷的百姓。"

国王高兴地同意了。

"请您派人在这张棋盘的第一个小格内放上一粒麦子，在第二格放两粒，第三格放四粒……照这样下去，每一格内的数量比前一格增加一倍。陛下啊，把这些棋盘上所有64格的麦粒都赏赐给您的仆人吧！我只要这些就够了。"国王许诺了这个看起来微不足道的请求。

当时所有在场的人都不知道国王的许诺会带来什么样的后果。他们眼看着仅用一小碗麦粒就填满了棋盘上十几个方格，禁不住笑了起来，连国王也认为西萨太傻了。

随着放置麦粒的方格不断增多，搬运麦粒的工具也由碗换成盆，又由盆换成箩筐。即使到这个时候，大臣们还是笑声不断，以至于有人提议不必如此费事了，干脆装满一马车麦子给西萨就行了！

不知从哪一刻起，喧闹的人们突然安静下来，大臣和国王都惊诧地张大了嘴：因为，即使倾全国所有，也填不满下一个格子了。

千百年后的今天，我们都知道事情的结局：国王无法实现自己的承诺。这是一个长达20位的天文数字！这样多的麦粒相当于全世界2000年小麦的产量。

凡事都要有所思索，有许多事并非一开始想当然的那样简单。国王和大臣们就是犯了这样的错误，想当然地认为从1粒麦粒开始，纵使放满64格也没有多少，于是国王满口答应，大臣们纷纷嘲笑，结果却是出人意料。

做任何事都不要拍拍脑袋就得出结论，许多时候人会由于惯性思维而产生思维盲点。要多思考，才能避免出现国王那样的错误。

如果面对任何事情都想当然，而没有独立思辨的能力，人们的成长空间自然会在无形之中受到或大或小的限制，不能完全随心所欲地生长。

就好比一颗种子的成长，需要肥沃的土壤、适宜的气候、科学的灌溉、施肥和培养，它才会及时地发芽、生根、开花并结出最优异的果实。如果这颗种子在发育阶段没有得到适当的护理，没有得到科学的施肥灌溉，没有良好的生长环境，那么这颗种子就会发育不良。

同样的道理，缺少了良好、自由的生长环境，人潜藏着的个性、创造性、独立思考的能力、解决问题的能力，便会受到影响而不能尽情发展生长，甚至逐渐消退萎缩。等这颗发育不良的种子长到一定程度，甚至已经基本定型，才被移植到良好的环境中，那么它虽然也可能成材，但至少已较难成为参天的栋梁之材。

贝多芬学拉小提琴时，他宁可拉他自己创作的曲子，也不肯做技巧上的改善，以至于他的老师对他作了这样的断言：他绝不是个当作曲家的料。

《进化论》的作者达尔文当年决定放弃行医时，遭到父亲的严厉斥责，说他不干正事，整天打猎捉耗子。此外，所有老师和长辈也都认为他资质平庸，与聪明完全沾不上边……如果他们没有坚持走自己的路，而是被别人的评论所左右，怎么能取得举世瞩目的傲人成就？

格罗根指出："无论做什么事情，开始时，最为重要的是不要让那些爱唱反调的人破坏了你的理想。"

俄国作家契诃夫也说得好："有大狗，也有小狗，小狗不该因为大狗的存在而心慌意乱。所有的狗都应当叫，就让它们各自用自己的声音叫好了。"

既然小狗也有权利大声地喊叫，那人们为何还是容易受众人言辞的羁绊，难以真正"走自己的路"呢？

因此，在求知的道路上，在追逐自己理想的道路上，除非在不合时宜的场所，否则我们应该学习哈佛的这种理念，敢于质疑、善于质疑，积极培养自己的思维能力。

思想有多远,路就有多远

哈佛流传着这样一句格言:Academic certificate is dollar(学术证书就是金钱)。受教育程度有多高,收入就有多高。还可以引申为,思想有多远,路就有多远。

一块价值几元的铁块,它的最佳用途是什么,它能产生的最高价值是多少?

如果这块铁到了一个普通铁匠的手里,他可能觉得这个铁块的最佳用途莫过于把它制成马掌,可以把它的价值提高到十几元钱。

如果铁块到了一个磨刀匠手里,他一定觉得把这块铁制成一个马掌简直太浪费了。于是,他把铁熔化掉,碳化成钢,经过锻冶,加热到白热状态,然后投入冷水或柴油中以增强韧度,最后对其进行细致耐心的压磨抛光。磨刀匠竟然把它制成价值两千元的刀片!

如果这块铁到了另一位工匠手里,他觉得两千块钱的刀片对于这块铁可以创造出的价值,简直连一半都没有达到,因为他看到这块铁的可塑性——不再局限于马掌和刀片,他用显微镜般精确的制造,把生铁变成了别致的仿古铁制品。他的成果精彩异常,已经使铁的价值翻了数倍,他认为自己已经榨尽了这块铁的价值。

但是,对于一个受过顶级训练,技艺更加高超的工匠,他竟然可以用这个铁块制造出精细的钟表发条。他那双犀利的眼睛窥视到了价值十万元的产品!

看到这里,你是否以为故事就这样结束了?

没有,即使是钟表发条也称不上是上乘之作。因为还有更加强大的高手知道,这种生铁可以制成一种弹性物质,如果锻铁时再细心些,它就不再坚硬锋利,而会变成一种特殊的金属,富含许多新的品质。于是,这样的高手采用了许多精细的加工锻冶的工序,成功地把他的产品变成了几乎看不见的精细的游丝线圈,把原本几元钱的铁块的价值,不知道翻了有多少倍!

谁知人外还有人,在把它制成钢后,经过精雕细刻,制造出了牙医手中常用来勾出最细微牙神经的精致勾状物——要知道,这种柔细的带勾钢丝要比黄金贵好多倍!

一个普通的铁块,在不同人的手中,通过不同的加工方式,可以创造出完全不同的价值。所以,不怕做不到,只怕你想不到。

人类的潜能无止境,而思考则是挖掘这个潜能宝库的最佳途径。真可谓"思想有多宽,路就有多广"。

有人曾经问过这样一个问题:人是怎么样的一种动物?

A 说:"人是一种善于追逐经济利益的动物。"

B 说:"人是一种政治动物。"

C 说:"人是一种崇尚道德的动物。"

D 说:"人是一种会制造工具的动物。"

E 说:"人是一种富于理智的动物。"

F 说:"人是一种富有感情的动物。"

G 说:"人是一种审美动物。"

这些都是对的,除此之外,还有最重要的一点:人是一种会思考的动物。人类所具有的这种思维能力使得人类不仅能够成功地彻底革新自己的思想,也强化了我们由于先天不足或缺乏锻炼而带来的能力上的缺陷。

"我思故我在。"思考是导航的路标,指引人类走向智慧的彼岸,也

指引人类向更先进更美好的世界进发。没有思考的日子，人类也就停止了发展的脚步。

思考是我们提高生命质量、升华生命意义的大智慧，没有思考的人生是糊涂的人生，没有思考的生命亦不过是行尸走肉。很多人穷其一生都在受苦受累，究其原因，很重要的一点便是没有发挥大脑的巨大潜能，让头脑在庸庸碌碌中越变越钝。

因为缺少思考，学业上无法上进；因为缺少思考，事业上屡战屡败；因为缺少思考，心态上更容易陷入消极的不良境地，无法自拔。思维方式在很大程度上决定着一个人的行为，决定着一个人学习、工作和处世的态度。可以说，思考决定着一个人的前途和命运。

在我们的日常生活中，"不怕做不到，只怕想不到"。每个新产品的发明，每个新论点的提出，每个新现象的发现，都离不开最初的"想法"。这个想法，也就是思考。莱特兄弟梦想能够飞起来，于是他们发明了飞机；达尔文一心沉浸在他的生物研究中，最终提出了震惊世界的进化论；牛顿苦思苹果为什么不飞向天而向下落，终于发现万有引力定律……所有计划、目标或者成就，都是思考的产物，放弃思考就等于放弃成功。

世界著名的成功学大师拿破仑·希尔曾经著有一本名为"思考致富"的书，这本书一经出版，风靡全球，深受广大读者的喜爱。究其原因，因为它深刻地揭示了如何运用我们的大脑去实现成功的黄金法则，并提出任何人要想取得成功，都必须运用头脑去思考。而追究拿破仑写《思考致富》的原因，与他曾经历过的一件小事不无关系。

有一次，拿破仑·希尔去见一位专门以出售主意为职业的教授，结果却被教授的秘书拦住了。拿破仑·希尔觉得很奇怪："像我这样有名望的人来见教授，也要挡驾吗？"

秘书回答："这时候，教授谁也不见，即使美国总统现在来，也要等

2个小时。"

拿破仑·希尔犹豫了一阵,虽然他很忙,但仍然决定等2个小时。2个小时后,教授出来了,希尔问他:"你为什么要让我等2个小时呢?"

教授告诉希尔:他有一个特制的房间,里面漆黑一片,空空荡荡,唯有一张躺椅,他每天都会准时躺在椅子上默想2个小时。此时的2个小时,是他创造力最旺盛的2个小时,很多优秀的主意都来自此时,所以这时的他谁也不见。

听了教授的解释,拿破仑·希尔的内心突然涌起了一股强烈的意念:"运用思考才是人生成功的要诀。"由此,拿破仑·希尔写下了使他名扬世界的著作《思考致富》。

拿破仑·希尔说:"思考能够拯救一个人的命运。"事实正是如此,有思考力的人才会有创造力,才能主动掌控自己的命运。懒惰平庸的人往往不是不动手脚,而是不动脑子,这种坏习惯制约了他们走向成功的可能;相反,那些最终能成大事者基本都在此前养成了勤于思考的习惯,善于发现问题,努力地寻求解决问题的方法,甚至让问题成为改变自己命运的机遇。

诺贝尔奖获得者、英国物理学家约瑟夫·汤姆森和欧内斯特·卢瑟福一共培养出17位诺贝尔奖获得者,这些天才无一例外地深刻领悟到如何通过思考去改变自己的人生轨迹,赢得辉煌的人生。

英国剑桥大学的迪·博诺教授说:"一个人很聪明或智商很高,只是说明他有创造的潜力,但并不说明他很会思考。智力和思考的关系,就好比一辆汽车同司机驾驶技术的关系,你可能有一辆很好的汽车,但如果驾驶技术不好,同样不能把车开好;相反,你开的尽管是一辆旧车,然而如果驾驶技术高超的话,照样能把车开得很好。"

世界著名未来学家约翰·奈斯比也曾经说过:"在信息时代,我们最需要的技能是:学习如何思考,学习如何学习以及学习如何创造。"

　　这正是哈佛大学所崇尚的法则：独立思考、善于思考。思考力具有强大的力量，它没有现成的答案可以抄袭，也没有既定的程序可以跟从，但它同样可以通过发挥它的能力，为人们指引一条又一条全新的成功之道。

哈佛大学校园景观

第四章 用学习塑造最好的自己

此刻打盹,你将做梦;

此刻学习,你将圆梦。

——哈佛图书馆格言

知识就是力量

哈佛的学生熟知这样一条格言：When it comes to study, what you lack isn't time but effort（学习这件事，缺的不是时间，而是努力）。之所以很多人不能够用更多的努力去获取知识，或许根本上是因为并没有真正了解知识的价值。

"知识就是力量。"著名学者弗兰西斯·培根的这句名言，一语道出了知识的重要性，也指引着无数人走向知识的殿堂。

无数事实表明，知识是关系人一生发展的一个重大问题。古往今来，大凡有所成就的人，都具有强烈的求知欲望，无论顺境还是逆境，都无法阻止他们渴求知识的脚步。

林肯年轻时下决心成为有影响力的公众人物，并和朋友讨论他的计划。他告诉好友格瑞尼说："我和伟人交谈过，我并不认为他们与其他人有什么区别。"为了坚持演讲练习，他经常走七八里路，参加辩论俱乐部的活动。他把这种训练叫做"实践辩论术"。

他找到校长蒙特·格雷厄姆，向他请教有关学习语法的建议。

格雷厄姆先生说："如果你想要站在公众面前的话，你应当学习语法。"

但是，到哪里学习语法呢？格雷厄姆先生说，附近只有一个地方可以学习，但在六英里之外。

这个年轻人立刻往那儿走去，借回了为数不多的一本珍贵的语法书。在夜晚降临之前，他就沉浸在这本书中了。从那时候起一连几个

星期,他把所有的休息时间都用来掌握这本书的内容。他经常叫他的朋友格瑞尼"拿着书",然后自己背诵书的内容。碰到疑难问题时,他就向格雷厄姆先生请教。

林肯的学习热情如此浓厚,引起了所有邻居的关注。格瑞尼家借书给他看,校长记住了他,尽自己所能来帮助他,村里的制桶工人也允许他到店里拿走一些刨花,晚上看书时用来点火照明。不久,林肯就熟练掌握了英语语法。

林肯说:"我想学习所有那些被人们称为科学的新东西。"在这个过程中他还发现了另一件事——通过坚持不懈的努力,他能征服所有的目标。

无论你出于什么目的而学习,是为了成为学者作家,为了成就事业,还是像林肯一样想要成为有影响力的公众人物,知识都能让你更快更有效地完成目标。胸中无学问会让人变得愚昧,愚昧的人难以创造有价值的人生,正像愚昧的民族难以变得更加强大一样。

克服愚昧,从学习开始;提升修养,从学习开始;聚敛财富,同样从学习开始。

正如同前文中所提及的那样,哈佛的一句格言直接了当地指出了知识就是力量这一现实,那就是:Academic certificate is dollar(学位证书就是金钱)。

美国联邦普查局的调查结果显示,成人的收入差距反映了学位的高低,持有高学历者的收入平均要比缺少文凭的人高出4倍。而加拿大统计调查局也曾经出示数据表示,在一定范围内,每多接受一年的教育,平均年薪将会增加8.3%。

或许我们曾经在生活中找到一些特例显示,人们的收入并不和学历成正比。然而且不说这些人是否拥有常人所没有的资源，这部分人总体而言只占很小的比例。从大概率的角度来说，知识与金钱是能够成正比的，只有掌握了知识，特别是自己专业领域中的知识，才能有效地避免在行动中走弯路，找到捷径，把握先机。

当代哈佛最具传奇色彩的学生比尔·盖茨从小就酷爱读书，7岁时盖茨就开始看《世界图书百科全书》。他经常几个小时地连续阅读这本几乎有他体重1/3的大书，一字一句地从头到尾地看。阅读之余，他常常陷入沉思，冥冥之中似乎强烈地感觉到，小小的文字和巨大的书本里藏着多么神奇和魔幻般的世界啊！文字的符号竟能把前人和世界各地的人们无数有趣的事情记录下来，又传播出去。

随着懂得的知识越来越多，小比尔·盖茨想，人类历史将越来越长，那以后的百科全书不就会越来越大、越来越重了吗？于是他又开始在知识中寻找造出一个魔盒的办法，只要小小的一个香烟盒那么大，就能把一大本包罗万象的大百科全书都收进去，那就方便多了。

知识让比尔·盖茨很早就比同龄的孩子成熟。四年级时，他对同学卡尔·爱德说："与其做一棵草坪里的小草，还不如成为一株耸立于秃丘上的橡树。因为小草千株一律，毫无个性，而橡树则高大挺拔，昂首苍穹。"小小的年纪就具有大人般的深思熟虑。他还在一篇日记里写道："也许，人的生命是一场正在焚烧的'火灾'，一个人所能去做的，就是竭尽全力从这场'火灾'中去抢救点什么东西出来。"这种"追赶生命"的意识，在同龄的孩子中是极少有的。

那个关于制造一个魔盒把百科全书都收进去的奇思妙想，如今已经被比尔·盖茨实现了，现在我们只要一片小小的芯片，就能把好几本百科全书的内容全部装进去。

比尔·盖茨掌握了的大量知识使得他在商业上的发展领域不仅

仅止于计算机和软件。他是一家名为 ICOS,专注于蛋白质基体及小分子疗法公司董事会的一员。他还是很多其他生物技术公司的投资人。而且盖茨本人还成立了 Corbis 公司,该公司正在研究开发世界最大的可视信息资源——来自全球公共收藏和私人收藏的艺术及摄影作品综合数字档案。此外,盖茨还和移动电话先锋 Craig McCaw 公司一起投资于 Teledesic。这是一个雄心勃勃的计划,计划使用几百个低轨道卫星来提供覆盖全世界的双向宽带电讯服务。如果成功,他们所能获得的利润是无法想象的。

在过去的差不多一个世纪里,全球首富是石油大王、汽车大王、钢铁大王等企业巨子,他们的财富是必须通过一生的努力,甚至是几代人的不懈奋斗,才逐渐完成的。他们的财富是建立在数不清的有形原料、产品之上的。但是比尔·盖茨的微软公司,没有高大的厂房,没有堆积如山的原料,有的只是知识和智慧。虽然这是一个崭新的产业,但是微软公司的产值已经大于美国三大汽车公司产值的总和,而且美国 1996 年全年新增产值的 2/3 是靠像微软公司这样的企业创造的。

哈佛大学第 21 任校长艾略特曾经这样说过:"人类的希望取决于那些知识先驱者的思维,他们所思考的事情可能超过一般人几年、几代人甚至几个世纪。"

现在社会已经步入了知识经济时代,新的产业部门正在逐渐产生,而最终必将取代传统的产业部门,新的资源与新的资源配置方式也在慢慢出现。知识和信息的拥有者、控制者,正在打破传统的货币资本与实物资本拥有者和控制者对社会权力的垄断地位,并逐渐取而代之,成为新时代社会结构的核心和中坚力量,社会财富必将为新的知识创新阶层所控制。

古希腊有一位名叫泰勒斯的哲学家,年轻时生活非常穷困。有一次,他穿着破烂的衣服出去办事,大街上迎面走来几个富人,他们看到他那副样子,就对他进行挖苦:"泰勒斯,听说你知识渊博,可是,知识能给你带来什么呢?是黄金?还是面包?"

泰勒斯虽然非常气愤,但是他相信自己掌握的知识总有一天会发生作用,他不卑不亢地回答富人:"咱们走着瞧吧,我会用事实来教训你们的。"

后来,泰勒斯运用丰富的知识,推断出第二年将是个橄榄的丰收年。于是,他便在那个冬天用相当低廉的租金,把当地所有的橄榄油榨油器全租了下来。不出泰勒斯所料,第二年橄榄果然丰收了。

而这时,许多发现这个机会的人到处找榨油器,却怎么也找不到了。因为全部的榨油器早就给泰勒斯租走了。那些人走投无路,无可奈何又跑到泰勒斯家门口哀求他,其中也有几个正是挖苦过泰勒斯的富人。

这时,泰勒斯以嘲弄的口吻向众富人声明:"高贵的富翁呵!看到了吧?这些榨油器就是我通过所学的知识搞到手的。你们这些富翁没有知识,到头来还不是求助于我。不过,我追求的并不是这几个租金。我需要向你们证明一个道理:知识是无价之宝,是最伟大的力量。"

泰勒斯之所以能够让富人出丑,完全得助于知识的力量。如果他不具备丰富的天文学、数学、农业和预测学的知识,以及资金运用、供求规律等方面的知识,又怎么可能取得这场胜利呢?无数成功者的事例都证明了"知识生财"这个道理,无有例外。

21世纪,美国的管理大师德鲁克提出一个新的词汇"知识工人",他这样阐述:应该说到21世纪的时候,在生产过程中需要的体力劳动是相当少的,主要是靠知识和脑力劳动。因此,现在我们对劳动的概念应该是,利用知识提高劳动者的素质,提高脑力劳动的效率,而逐渐

减少体力劳动。

知识可以提高劳动者的劳动技能;知识的补充应用可使生产工具得到改进;将理论知识应用到实际生产中去,可以扩大劳动对象的范围,改良劳动对象;把知识应用到生产的组织管理之中,形成一整套科学的组织方式和管理方法,可以实现生产要素的最佳组合,从而大大提高劳动生产率;知识是第一生产力。

1979 年,瑞典裔管理大师卡尔·爱瑞克·斯威比博士辞去了世界著名企业联合利华高级经理的职位,仅用 1 美元的代价收购了北欧一家濒临破产的出版公司。到 1994 年,也就是斯威比博士执掌出版公司帅印 15 年之后,这家出版公司打败了众多竞争对手,成为北欧最具影响力的商业出版集团,其利润增长超过联合利华的 3 倍,利润高达权益的 1 200%。

如此高速的成长性,的确令世人瞩目。那么高的利润是从何而来的呢?斯威比博士一语道破天机:知识资本既是企业的一种以相对无限的知识为基础的无形资产,更是企业核心竞争能力的源泉。

想要获得成功,我们必须正视知识的力量,不能仅仅停留在一知半解上,甚至一无所知上;一定要认识到知识的重要性,认识到知识可以带来巨大财富,拥有无可比拟的力量。

此刻打盹，你将做梦；此刻学习，你将圆梦

此刻打盹，你将做梦；此刻学习，你将圆梦。

知识关系到一个人的一生发展问题。古希腊著名哲学家欧里庇得斯曾经说过：青年时期忽视学习的人，失去过去也毁灭了未来。

所以教育是最值得渴望成功的人去投资的。如果说一朵美丽的花朵是因为我们的辛勤浇灌才绽放，那么我们为它所付出的心血和代价就是值得的。所以，自由的教育，努力的学习也值得渴望成功的人去付出。

在纽约，有一家每月能净赚 15 000 到 20 000 美元的公司，这已经是相当不错的业绩了。这家公司的一位合伙人非常想进一步扩大公司规模，使公司得到更好的发展，而他同时也意识到，如果企业要大规模发展，自己没有其中所必需的科学技术和知识是不行的。于是他让他的伙伴负责业务，自己则进入德国的一所大学深造，一去就是 4 年。在校期间，他每天刻苦学习 16 小时，最终学到了扎实的技术和先进的知识。又过了几年，他扩大公司发展的期望实现了，他也成为同行业的领导者，生意的收入更是增加了 10 倍。

或许你依然会怀疑，知识的学习和积累怎会有如此大的效果。难到没有了学识便不能创造财富吗？

其实不然。许多没有接受正规教育的富翁，在工作期间也有意无

意地积累了许多实践知识与技能,也是在学习与积累;同时,获取财富也并非成功的唯一标准,许多富有且有一定社会地位的人到了中年或老年,往往愿意花上一大笔财富去弥补早年没有接受高等教育的遗憾。

知识使一个人更充实、更崇高,它不仅仅帮助你获取工作、积累财富,知识真正影响的是一个人的内在,帮助你开发自己的能力,更好地利用自己的潜能,成为一个内心充实、有安全感、自在感、幸福感的成功者。

哈佛大学的教授,每年都会为自己的学生列出一串的学习书目,作为教学的辅助学习材料,要求学生学习阅读。因为他们深知课堂教授的知识是远远不够的,学生们更需要在课余通过自己的学习来扩展知识面,学会一种学习的方法。教授们可以说是用心良苦地希望学生们将时间用在学习上,打下实现理想的坚实基础。

本杰明·富兰克林自幼酷爱读书,辍学回家务工期间,仍然抓紧业余时间自学。他把家里有限的藏书读完后,又用自己的零花钱买书看,其中有《约翰·班扬集》、柏顿的历史文集、古希腊学者普普塔克的名著《希腊罗马名人传》、笛福的《计划论》、科顿·马德的《为善论》等。

在印刷所当学徒时,他通宵达旦地阅读文学、历史、哲学著作,这些新书,是在书店当学徒的朋友借给他的,他必须尽快读完,干干净净地还给人家。他也买了一些书,买书的钱,是从饭钱里省下来的,为此,他成了一个素食者,常常以饼干、面包、葡萄干、果馅饼和清水充饥。他自学了数学和外语,勤奋地练习写作。结果,这个仅有两年小学学历的人,被哈佛大学、耶鲁大学、牛津大学、爱丁堡大学、圣安德鲁大学等六七所院校授予硕士学位和博士学位。

学问是一点一滴积累起来的,如果没有过目不忘的本领,那就要有笨鸟先飞的精神。勤奋就像培育花苗,从播种、发芽、长叶、开花到

结果的全过程，都要你悉心的陪伴和照料。勤奋不是一朝一夕的事，它是长年累月毅力和坚持的累积。

约翰·韩特尔有勤于动手、喜欢笔录的习惯。他做笔记的主要目的在于告诉自己还缺少什么知识。韩特尔随时把思想中冒出来的东西记录下来，认为"这就像一个商人储存货物一样，如果不这样做，就不知道自己拥有什么东西，也不知道自己缺少什么东西"。

约翰·韩特尔具有十分敏锐的观察力，习惯被人称为"百眼巨人"。韩特尔同时也异常勤奋。在20岁以前，他几乎没受过什么学校教育，他要读书和写字是十分困难的。他在格拉斯哥当过几年普通木工，后来他到了他哥哥威廉那里。威廉是一位演说家和解剖学家，当时他住在伦敦，约翰就在他哥哥的解剖实验室中当助手，但很快约翰就超过了他哥哥，一方面是由于他的天赋过人，另一方面取决于他异常的专心致志和常人少有的勤勉。

在英国，韩特尔是第一个全心全意献身于解剖学的人，著名教授欧文先生花了十多年时间整理约翰有关比较解剖学的材料。所收集的材料包括两万多件标本，这都是韩特尔长年累月辛勤积累下来的珍贵财富。每天从清早起来一直到晚上8点，韩特尔就待在他的小博物馆里。一整天他都在忙忙碌碌。按照惯例，作为赛特·乔治医院的外科医生和军医局副局长，他恪尽职守，从不懈怠。他还得给学生们演讲，同时他还得监管一个从事解剖教育的学校。在繁杂的工作中，他总得挤出时间进行十分精细的试验，了解动物的内在组织及其结构，撰写许多具有重要科学价值的学术著作。为了挤出时间从事这么多繁杂的工作和科学研究，他常常只睡4个小时。

在他的有生之年，韩特尔总是花费大量的时间用来收集一些相关的具体材料，人们都认为他太注重这些琐碎的事情。他的许多同事认

为他如此仔细地研究、思考这些细小的事实，以至于他的收获总是像鹿角一样，长得很慢。但韩特尔坚信，没有详尽而具体的事实作为基础，不可能得出有价值的科学论断。

经过勤苦和仔细的观察、研究，他掌握了动脉的运动变化规律。由此他能进行一些有开拓性的手术。在切除动脉瘤时，他能有的放矢地把主动脉系起来，这在当时根本没有人敢这样做。实验证明，他这样做是行之有效的，他成功了！

学习没有捷径可以走，只能靠自己的勤奋钻研，越聪明的人越努力，越懂得用别人打盹的时间去努力学习。关于这一点，1991 年哈佛毕业生、第 44 任美国总统奥巴马在美国的开学日曾经做过的演讲中这样说过：

今天我站在这里，是为了和你们谈一些重要的事情。我要和你们谈一谈你们每个人所接受的教育，以及在新的学年里，你们应当做些什么。

我做过许多关于教育的演讲，也常常用到"责任"这个词。

我谈到过教师们有责任激励和启迪你们，督促你们学习。

我谈到过家长们有责任看管你们认真学习、完成作业，不要没日没夜地看电视或打游戏机。

我也很多次谈到过政府有责任设定高标准、严要求，协助老师和校长们的工作，改变在有些学校里学生得不到应有的学习机会的现状。

但哪怕这一切都达到最佳的状态，哪怕我们有最尽职的教师、最好的家长和最优秀的学校，假如你们自己不去履行责任的话，那么这一切努力都会白费。如果你没有每天准时去上学，如果你没有认真地听老师讲课，如果你没有把父母、长辈和其他大人们说的话放在心上，如果你没有付出成功所必需的努力，学校、家庭、社会所提供的一切机会和可能性都会失去意义。

而这就是我今天演讲的主题：对于自己的教育，你们中每一个人须承担的责任。

教育给你们提供了发现自己才能的机会。你们中的每一个人都会有自己擅长的事情，每一个人都是有用之材，而发现自己的才能是什么，就是你们要对自己担起的责任。

或许你能写出优美的文字，甚至有一天能让那些文字出现在书籍和报刊上，但假如不经常练习写作，你不会发现自己有这样的天赋；

或许你能成为一个发明家、创造家，甚至设计出像今天的 iPhone 一样流行的产品，或研制出新的药物与疫苗，但假如不在自然科学课程上做上几次实验，你不会知道自己有这样的天赋；

或许你能成为一名议员或最高法院法官，但假如你不去加入学生会或参加几次辩论赛，你也不会发现自己有这方面的才能。

而且，我可以向你保证，不管你将来想要做什么，你都需要相应的教育。

你想当名医生、当名教师或当名警官？你想成为护士、建筑设计师、律师或军人？无论你选择哪一种职业，良好的教育都必不可少，这世上不存在不学习就能得到好工作的美梦，任何工作都需要你的汗水、训练与学习。

承担起自我教育的责任不仅仅对于你们个人的未来有重要意义，你们所呈现的教育水平也会对这个国家，乃至世界的未来产生重要影响。今天你们在学校中学习的内容，将会决定我们整个国家在未来迎接重大挑战时的表现。

你们需要在数理科学课程上学习的知识和技能，去治疗癌症、艾滋病那样的疾病，解决我们面临的能源问题与环境问题；你们需要在历史社科课程上培养出的观察力与判断力，来减轻和消除无家可归与贫困、犯罪问题和各种歧视，让这个国家变得更加公平和自由；你们需要在各类课程中逐渐累积和发展出来的创新意识和思维，去建立新的

公司从而制造就业机会并推动经济的增长。

我们需要你们中的每一个人都培养和发展自己的天赋、技能和才智,来解决我们所面对的最困难的问题。假如你不这么做,假如你放弃学习,那么你不仅是放弃了自己,也是放弃了你的国家。

每个人都需要承担起学习和获得教育的责任,而不是把学习的问题推给其他人去承担。很多人心怀一腔热血,信誓旦旦地立志要成就"一番事业",当面对不尽如人意的学习结果时,却把问题仅仅归结为父母的问题、老师的问题、社会的问题。事实上,他们首要的问题是没有真正承担起学习的责任。网络的发展提供给人们充分的学习机会和平台,各个行业、职业都有出人头地的机会,然而如果一个人将学习的时间用在了打盹之上,当然不可能圆梦,只能是做梦。

就像哈佛流传的一句经典格言写的那样:The pain of study is temporary, the pain of not study is lifelong.(学习的痛苦总好过未能多学习导致的终生痛苦。)

哈佛毕业的第 44 任美国总统贝拉克·奥巴马

求知永无止境

哈佛图书馆墙上曾有这样一条格言：Study is only a part of life, but what else can you do if you even can not conquer it? （学习并不是生活的全部，只是其中的一部分。但如果你连这一部分都无法征服，还能做些其他什么呢？）

确实如此，如果连学习的困难都不能征服，又怎么敢轻言征服其他生活中的种种困难？我们不仅要征服学习的困难，更要懂得求知永无止境的道理，在人生的道路上不断学习，更新知识，从而塑造最好的自己。

哈佛始终致力于这样指导它的学生——永远不能满足于已经获得的知识和成就。因为这些只能代表着过去，而未来永远存在于前方。对于知识的追求永远没有边境，因为永远有新的知识等待你去学习，你永远可以做得更完美。

爱迪生、斯旺以及其他许多科学家在同一时期研究电灯。当时电灯的原理已经很清楚了——要把一根通电后发光的材料放在真空的玻璃泡里，人们再去解决一些具体问题——如何让它更轻便、成本更低廉、照明时间更长。其中最主要的问题，也是竞争的热点，在于灯丝的寿命。

爱迪生全力以赴地投入了这项研究，有位记者对他说："如果你真的让电灯取代了煤气灯，那可要发大财了。"

爱迪生却说："我的目的倒不在于赚钱，我只想跟别人争个先后，我已经让他们抢先开始研究了，现在我必须追上他们，我相信会的。"

在当时的社会上，爱迪生已经声名赫赫，他仅仅宣布可以把电流

分散到千家万户,就导致煤气股票暴跌了 12%。他本人是冷静的,在设想成为现实之前,他要像小时候在火车上做实验一样踏踏实实地干。他已经是一个改进了电话、发明了留声机、创造了不计其数的小奇迹的著名"魔术师",但他是这样的人——一旦取得了成果,就把它忘掉,扑向下一个。用来做灯丝的材料,他尝试过炭化的纸、玉米、棉线、木材、稻草、麻绳、马鬃、胡子、头发等纤维、铝和铂等金属,总共1 600多种。那段时间,全世界都在等着他的电灯。

经过一年多的艰苦研究,他找到了能够持续发光 45 小时的灯丝,在 45 个小时中,他和他的助手们神魂颠倒地盯着这盏灯,直到灯丝烧断,接着他又不满足了:"如果它能坚持 45 个小时,再过些日子我就要让它发光 100 个小时。"

两个月后,灯丝的寿命达到了 170 小时。《先驱报》整版报道他的成果,用尽溢美之词:"伟大发明家在电力照明方面的胜利""不用煤气,不出火焰,比油便宜,却光芒四射""15 个月的血汗"……新年前夕,爱迪生把 40 盏灯挂在从研究所到火车站的大街上,让它们同时发亮来迎接出站的旅客,其中不知多少人是专门赶来看奇迹的,这些只见过煤气灯的人,最惊讶的不是电灯能发亮,而是它们说亮就亮、说灭就灭,好像爱迪生在天空中对它们吹气似的。有个老头还说:"看起来变漂亮的,可我就是死了也不明白这些烧红的发卡是怎么装到玻璃瓶子里去的。"大街上响彻这样的欢呼:"爱迪生万岁!"然而,爱迪生用这样的讲演使人们再次惊讶:"大家称赞我的发明是一种伟大的成功,其实它还在研究中,只要它的寿命没有达到 600 小时,就不算成功。"

那以后,他淹没在源源不断的祝贺信、电报和礼物中。铺天盖地的新闻都在说他正在把星星摘下来试验新的灯丝,说他发明了 365 层像洋葱一样,可以一层层剥下来的、不用洗的衬衣。在这类神话中,以及在雪片般飞来的求购这种衬衣的汇款单中,默默地改进着灯泡,向600 小时迈进,结果,他使样灯的寿命又达到了 1 589 小时。

爱迪生想要自己的电灯使用时间更长,从最初的 45 小时到最后样灯的 1 589 小时,他为世界带来了一个又一个的惊奇。但是在他的眼中,从来就没有成功和骄傲,他只是持续不断地探索新的知识,并运用到自己的发明中去,完善他的发明。

那些真正伟大的科学家、发明家,他们从来不曾在探索新知识的道路上停止自己的步伐。因为他们明白,知识就是生命。学问和技术等知识就如同人生一样,极其深奥,需要我们谦虚对待。只有不断地探求知识,毕生不改求知者的态度,才能攀上一座座人生的高峰。

泰戈尔曾经这样说过:我们觉得知识是宝贵的,因为我们永远来不及使知识臻于完美。

只有认识到自己的无知,才是认识世界最可靠的办法。正如一句格言所说的那样:不是无知本身,而是对无知的无知,才是对知识的扼杀。

一事无成者往往一无所知。世上的知识远远超出了涉猎者力所能及的范围,在获得知识之前,必须经过一段漫长而艰难的旅途。

我们究其一生也不可能学到所有的知识。我们不了解或是不明白的事情永远存在,我们无法否认我们的无知。而一个人也只有在明白自己的无知时,才能越发激励自己去学习知识;一个人对自己的无知认识得越清楚,他的学问就越大。

在无止境的求知道路上,求知者不仅需要求知的决心,还需要懂得有着掌握学习能力的用心,以及不断更新知识的恒心。

日本《现代周刊》不久前刊载了一篇文章《如何回答比尔·盖茨的提问》,列举了很多微软公司的面试题,从中去梳理微软如何测评求职者的学习能力和思维水平。

比尔·盖茨有一道有名的面试题:"怎样才能移动富士山。"
为了回答这个问题,求职者们脑洞大开。

答案一：利用杠杆原理在理论上是可以的。有道是：给我一个支点，我可以撬动整个地球。

答案二：可以利用物理学的相对运动，以正在移动的你自己作为参照物，富士山就移动了。

答案三：放在照片上移动。

还有些中国的网友表示，我们中国一个有名的典故不就是愚公移山吗？

这个问题有标准答案吗？并没有。比尔·盖茨到底需要什么样的人才呢？他在接受采访时说道："在面试中，我们要考察应聘者是不是按照逻辑来解决问题。正确答案并不重要，重要的是你有没有按照正确的思维方式来思考问题。"

这就对求知者提出了更高的要求。求知无止境，并不仅仅是指知识的堆砌，在信息化的时代里，还包括了对自己学习能力和思考能力的提高，以及不断迭代获取新的知识的能力。

可口可乐企业副总裁兼学习总监罗森布鲁姆认为，学习必须跟经营实践直接相关，关键是不要死抱标准的"学习课程"不放，而是要把学习融会到流程、项目和实践之中。

学习是永无止境的，而社会是一所真正的"大学"，是一本永远也读不完的书，一个成功的人需要在实践中不断学习。在实践过程中提高学习能力，在学习的过程使自己掌握的知识更加贴近实践，只有不断做到两者互补，才能有不断的发展。

有一个国王，每日接受朝拜后都喜欢问大臣们一些莫名其妙的问题。

这一天，国王和他的大臣来到御花园，国王问道："你们看到那池子了吗？谁能说出池子里有几桶水？"

群臣面面相觑，无人能答。

这时,花园里有一位小王子在玩耍,他见到大臣们一个个对着水池发愣,显得手足无措的样子,就说道:"这有何难?父王,我能回答这个问题。"

国王有些疑惑,看着他:"那你就说说看吧。"

小王子说道:"这要看是怎么样的水桶,如果桶和水池一样大,那么池里是一桶水;桶是水池的一半大,那么池里就是两桶水;桶是池子的三分之一大,池里是三桶水……"

国王一听,喜出望外,对这个小儿子赞赏不已。众大臣自叹不如。

当大臣们凭着自己几十年固有的旧观念来看待这个问题时,他们的心脑其实早已被平日所见般大小的水桶给禁锢了自己的思维,而若以这些平日所见般大小的水桶去凭空度量一个池子的水,自然是怎一个"难"字了得。

即使已经在过往学习生涯中积累了大量的知识和经验,依然需要在如今这个快速变化的时代中,不断地清空陈旧的理念和固化的思维,并根据时代的发展,丰富自己全新的知识与技能的储备。

所以说学校里获取的教育仅仅是一个开端,如果就此停滞了自己学习的脚步,终会被时代的激流所淘汰。

据美国国家研究委员会调查显示,半数的劳工技能在1~5年内就会变得一无所用,而在以前,这段技能的淘汰是7~14年。特别是在工程界,大学的知识在毕业10年后还能派上用场的不足1/4。不进则退,学习已变成随时要进行的功课。

而且,如今高速发展的市场经济中,人们对知识的依赖也更加强烈。

美国已有上百家知名企业成立了自己的企业大学。学习的效益也日趋明显。有知名企业做过测算,每花人均1美元投资在员工培训上,就可以连续三年提高人均30美元的生产力。用学习创造利润,已被管理学界和企业界公认为当今和未来"赢"的最佳策略。

"汽车大王"福特在少年时代,曾在一家机械商店当店员,虽然周薪只有2.05美元,但他每周却要花2.03美元来买机械方面的书,从不间断。

当他结婚时,除了一大堆五花八门的机械杂志和书籍,没有任何其他值钱的东西。然而就是这些书籍,使福特向他梦想已久的机械世界不断迈进,最终开创出了一番大事业。

功成名就之后,福特说道:"对年轻人而言,学得将来赚钱所必需的知识与技能,远比蓄财来得重要。"

一张文凭的"保鲜期"能有几年?随着知识更新速度的不断加快,在一些高新技术领域,今天学到的知识明天就会被"刷新"。随着社会知识水平的普遍提高,学历将不再作为用人的首要衡量标准。

在一次大型人才招聘会上,某家公司的总经理对一位前来应聘的大学毕业生说,你的文凭代表你应有的文化程度,它的价值会体现在你的底薪上,但有效期却只有六个月。如果你要想在我们这里干下去,就必须继续"充电",并将你所学的知识转化为工作能力。

世界在飞速变化,新情况、新问题层出不穷,知识更新的速度更是大大加快。人们要适应不断发展变化的客观世界,就必须把学习从单纯的求知变为一种生活的方式,努力做到终身学习。

终身学习,是我们不断完善和发展自我的必由之路。无论是一个人、一个团体、一个社会还是一个民族,只有持续学习,才能不断获得新知,增长才干,跟上时代的步伐。即使你具有丰富的知识,也还是要不断充实自己。就像是科技人员在科研过程中,只有继续补充所需要的知识,才能攻破一个个尖端课题,诞生一项项更新的科研成果。

一位学生向老师感叹,虽然自己已经非常努力刻苦,却越来越看不到自己有什么进展,觉得很困惑。

老师拿起身旁喝水用的杯子,往里面滴了几滴墨汁摇了摇,顿时水变得很浑浊。他问学生："如果我继续往杯子里加入清水，会产生什么现象呢？"

学生回答："虽然墨汁的颜色会变稀，但还是免不了污浊。"

"很对，"老师摇了摇杯子，"即使把杯子里的水再倒掉一些，再加入清水，还是不可能变得完全清澈。"

说着，老师把那一整杯水全部倒掉，再注入了一杯清水："你看，只有把之前受到污染的水全部倒掉，水倒入杯子后才是干净的，我们吸纳知识也是同样一个道理，只有把脑中陈旧的东西全部清空，才有空间容纳新的东西。"

学生一听，恍然大悟。

只有吐故，才能纳新。每一分钟人的体内都有无数的细胞死去，同时又有无数的细胞诞生——这是我们始终保持青春活力的最佳秘笈；每一时刻，人们心生出一个新问题，同时推翻或解决一个旧问题——这就是世界持续发展的最大秘密。如果没有一个个问题的提出和解决，没有旧观念的不断被颠覆和新观念的不断被确立，世界的进步又从何而来呢？

据此，联合国教科文组织向全球民众大声呼吁："未来社会的文盲不再是不识字的人，而是不会学习的人。"在这种形势下，如果人们不懂得更新知识或者更新过慢，终将被时代所抛弃。

美国福特公司首席专家路易斯·罗斯对此也是深有感慨："在知识经济时代，知识就像鲜奶，纸盒上贴着有效日期……如果时间到了，你还不更新所拥有的知识，你的职业生涯很快就要被腐蚀掉。"

美国赫赫有名的钢铁大王安德鲁·卡内基就是一个能充分发挥自己求知想象的楷模。他12岁时由苏格兰移居美国，先在一家纺织厂当工人，当时，他的目标是决心"做全工厂最出色的工人"。他经常

这样想,然后不断向其他员工学习,积极地思考怎样才能够做到最好,并尝试努力,终于成为全工厂最优秀的工人。

后来命运又安排他当邮递员,他想的是怎样"做全美最杰出的邮递员"。虽然邮递员的工作并不需要大量的知识,但他还是全心钻研本职工作,虚心求教。结果他的这一目标也实现了。他的一生总是根据自己所处的环境和地位努力学习,塑造最佳的自己,他的座右铭就是"做一个最好的自己"。

学无止境,每个陌生的环境都有我们未知的新事物,要扮演好每一个自己,就要把这些未知的变成已知的,如果不是时时抱着学习的态度,就无法在工作和生活中得到完善,也无法使自己适应急速变化的时代,不能出色地完成本职工作,就会有被时代淘汰的危险。

只有不断地求新求知,以最大的热情将自己融入每一个环境中,不断提高自己的学习能力,才能不断提高自己的整体素质,才有能力塑造最好的自己。

哈佛大学圣保罗钟楼

第五章 忠于现实，投资未来

Invest for future and be loyal to reality.

忠于现实，投资未来。

——哈佛图书馆格言

务实者因梦想而高飞

哈佛图书馆的墙上曾有这样一条格言：Invest for future and be loyal to reality（忠于现实，投资未来）。意思就是站在现实的基础上，绘制未来的蓝图并尽快付诸实施。或者我们也可以理解为，每一位想要高飞的人需要务实的梦想。

有一天，一个叫布罗迪的英国教师在整理阁楼上的旧物时，发现了一叠练习册，它们是皮特金中学 B(2) 班 31 位孩子的某次考试作文，题目叫"未来我是……"他本以为这些东西在德军空袭伦敦时早已被炸毁了，没想到，它们竟安然地躺在一只木箱里，并且一躺就是 25 年。

布罗迪随手翻了几本，很快被孩子们千奇百怪的自我设计迷住了。比如：有个叫彼得的家伙说，未来的他是海军大臣，因为有一次他在海中游泳，喝了大约 3 升海水都没被淹死；还有一个说，自己将来必定是法国的总统，因为他能背出 25 个法国城市的名字，而同班其他同学最多只能背出 7 个；最让人称奇的是一个叫戴维的盲童学生，他认为，将来他必定是英国的一位内阁大臣，因为在英国还没有一个盲人进入内阁……总之，所有的孩子都在文章中描绘了自己的未来：有想当驯狗师的，有想当领航员的，有要做王妃的——五花八门，应有尽有。

布罗迪读着这些作文，突然产生了一种强烈的冲动——何不把这些练习本重新发到同学们手中，让他们看看现在的自己是否已实现了

25年前的梦想。当地一家报纸得知布罗迪的这一想法后，为他发了一则启事。

没几天，书信从各地向布罗迪飞来，他们中间有商人、学者及政府官员，还有一些没有身份的人。他们都表示，很想知道自己儿时的梦想，并且很想得到自己当年的作文簿。布罗迪按地址一一给他们寄去了练习册。

一年后，布罗迪身边仅剩下一个本子没人索要。他想，这个叫戴维的盲孩子或许已经死了。毕竟25年了，25年间什么事都有可能发生。

就在布罗迪准备把这个本子送给一家私人收藏馆时，他收到内阁教育大臣布伦克特的一封信。

对方在信中说："那个叫戴维的人就是我，感谢您还为我们保存着儿时的梦想。不过我已经不需要那个本子了，因为从那时起，我的梦想就一直珍藏在我的脑子里，没有一天忘记过。25年过去了，可以说我已经实现了梦想。今天，我还想通过这封信告诉其他同学，只要不让年轻时的梦想随岁月飘逝，成功总有一天会出现在你的面前。"

务实者因梦想而高飞。虽然梦想的最初不过是空中的楼阁，但如果你心怀伟大的愿望而敢于建造这个楼阁，或许你就会心生出一个又一个方法去解决其中会出现的种种难题，没准，问题便会被你一个一个就此攻克了。

正好比那位想当英国内阁大臣的盲人学生，如果当初他的梦想被公布于众，相信没有人会认为他的梦想有实现的可能，永远只是个梦罢了。但是他却并不只是随便想想，随便说说，而是几十年如一日地把这个梦想藏在自己的心中，暗暗为此而努力，一步一个脚印地朝着这个梦想而不懈努力，终于在几十年后达成了这个目标，实现了梦想。

成功属于勇敢追梦的人，世界属于勇于求索的人，唯有踏踏实实地沿着希望之路途攀登再攀登的人,才能升空高飞,笑傲于理想的天堂。

吉米·马歇尔被视为职业橄榄球界中最难击败的人。在运动王国,30岁就会被视为"老年人",但他担任守备一直到42岁。

从他开始打球,在282场比赛中,他从未失败过。有名的四分卫佛朗·塔肯顿说,吉米是"在任何运动中,我所认得的最有意思的运动员"。

但我们知道,任何奇迹的诞生都必须付出相应的代价。282场比赛不败的纪录背后,吉米也经历过很多的灾难:有一次大风雪中,所有的同伴都不幸遇难,而他却幸存了下来;他害过两次肺炎;他在擦枪时,不小心因走火而受伤;他出过几次车祸,不得不接受外科手术;等等。但这些都没使他垮掉。

他只是轻描淡写地说:"上帝不要我,因为我的梦想没有完全实现。"

梦想的力量如此强大,它能使深受重创的人在伤口复原后继续昂首挺胸,能把万般困难都化为前进的巨大动力,甚至能打破体育界中长期形成的"30岁以后的运动员将陆续退役"的潜规则。

遭遇困境时,梦想助你催生潜在的力量;走向成功时,梦想为你装上飞翔的翅膀。这是一种奇妙的活动着的力量,也是存在宇宙之中最不可抗拒的力量。从人们决意行动的那一刻起,梦想就会触动心灵深处而发生作用。研究表明,这种作用的力量是无限大的。

或许在以下这个故事中,我们能看出这一点。

有一位国际象棋大师,在拥有数十个冠军头衔的同时,也从不讳言自己的成长道路。他的象棋水平,完全是依靠自己的力量不断得以

提高的。

当他还年轻时，就对下棋产生了浓厚的兴趣。当时，家里的人谁也不会下棋，他只好找来棋谱和说明书，自己钻研。

在略懂一点皮毛之后，他便开始找周围的人对弈，结果常常是大败而归。一般人在输棋后，虽然心里并不服气，他也懒得去追究什么，可他却有一股子"牛劲"，回家后把当天对弈的每盘棋局都认认真真地回想一遍，从中分析自己失败的原因。连他父亲都笑他说："你这个业余的棋手，简直是在以专业的水准来要求自己。"

他脑海中灵光一现，顿时开悟：我一定要成为专业棋手！

此后，他继续琢磨棋谱，在与人对弈的过程中认真思索，并从中汲取宝贵的经验。就这样，他的棋艺突飞猛进。他总是将一次次的对垒看作是专业比赛，这让周围的棋友觉得他太小题大做，但他乐此不疲，精心钻研，废寝忘食。有的时候，他甚至走上街头摆起了棋摊，在与不同的陌生人切磋的过程中不断提升自己的棋艺。就这样，经过15个春秋的打拼，他终于成长为一代国际象棋大师。

这位国际象棋大师就是德国人埃曼纽尔·拉斯克，他曾经在1894至1921年连续27年夺得世界冠军头衔。在他拥有了自己的梦想之后，勤耕不辍，意志不减，立志为实现这个梦想而努力。他的这份信念在心底不停回旋，不断强化，而内心也接收到了这份强烈的意念，从而形成强烈的内在动力，不断地反作用于他外在的行动，使得他持续不断地为着最终的目标而奋斗不息。

其实，每一分的进步都不会凭空从天而降，每一阶段的小胜也都不是靠运气就可以获得的，化梦想为现实的道路，是一个人勤勤恳恳，一手一脚闯荡的过程。梦想自然不能少，但务实的精神更不可丢，如果说梦想是成功的阶梯，通向成功之门，那么务实的态度和务实的行动便是留下的每一个脚印，这正像"汽车大王"福特在其创业途中所显

示出来的一样。

汽车大王福特从少年时代开始,就对机械特别感兴趣,并无数次地在头脑中构想能够在路上行走的机器用以代替牲口和人力。

福特梦想着有朝一日自己可以成为一名优秀的机械师,于是,他用一年的时间完成别人要花费三年的机械师培训。随后,他又花了两年多的时间研究蒸汽机原理,试图实现他的梦想,但没有成功。他不断刻苦钻研,寻找试验失败的原因,克服不断出现的问题。取得了一定成就之后,他又投入汽油机的研究上来,强烈希望能制造一部汽车。

他的创意被发明家爱迪生所赏识,邀请他到底特律公司担任工程师。经过十年不懈的努力,福特终于成功地制造了第一个汽车引擎。

有人说,梦想是一个抽象的东西,它看不见也摸不着,更不可能当饭吃。如果你也有类似的想法,那么从现在开始,你就该着手改变自己对梦想的态度和看法。

梦想不同于做梦,做梦是毫无目的、天马行空的,而梦想,它是你心中长期或偶然出现的强烈意念,而且这份意念会时时刻刻提醒你要为之采取行动、不断努力。可以说,它是目标的方向盘,是行进的指明灯。

梦想虽然以空中楼阁为始,却是以不断追求、不断超越为过程,以化不可能为可能为终。如果你想有所成就,就多花一些时间去思考自己的梦想是什么,自己最想追求的又是什么,当你明白了这一点,就可以像所有的成功者那样,为自己树立一个适合自己的目标,并且以积极有效的行动为其保驾护航,这样,最初的梦想就体现出了重大的价值和意义,你也会因此而不断提升自己,不断高飞。

在美国西部的一个乡村,有一位清贫的农家少年。每当闲暇时

间,他总要拿出祖父在他8岁那年送他的生日礼物——一幅已被摩挲得卷了边的世界地图。他年轻的目光一遍遍浏览着地图上标注的城市,飘逸的思绪亦随之纵横驰骋,渴望抵达的翅膀,在幻想的风景中自由翱翔……

15岁那年,这位少年写下了他气势不凡的计划书——《一生的愿望》:

"要到尼罗河、亚马孙河和刚果河探险;要登上珠穆朗玛峰、乞力马扎罗山和麦金利峰;驾驭大象、骆驼、鸵鸟和野马;探访马可·波罗和亚历山大一世走过的道路;主演一部《人猿泰山》那样的电影;驾驶飞行器起飞降落;读完莎士比亚、柏拉图和亚里士多德的著作;谱一部乐曲;写一本书;拥有一项发明专利;给非洲的孩子筹集100万美元捐款……"

他洋洋洒洒地一口气列举了127项人生的宏伟愿望,不要说实现它们,就是看一看,就足够让人望而生畏了。难怪许多人看过他设定的这些远大目标后,都一笑置之。所有人都认为:那不过是一个孩子天真的梦想而已,随着时光的流逝,很快就会烟消云散。

然而,少年的心却被他那庞大的《一生的愿望》鼓荡得风帆劲起,他的脑海里一次次地浮现出自己漂流在尼罗河上的情景,梦中一次次闪现出他登上乞力马扎罗山顶峰的豪迈,甚至在放牧归来的路上,他也会沉浸在与那些著名人物交流的遐想之中……没错,他的全部心思已经被自己《一生的愿望》紧紧地牵引着,并让他从此开始了将梦想转变为现实的漫漫征程。

毫无疑问,那是一场壮丽的人生跋涉,也是一场异常艰难、简直无法想象的生命之旅。他一路豪情壮志,一路风霜雨雪,硬是把一个个近乎空想的夙愿变成了一个个活生生的现实,他也因此一次次地品味到了搏击与成功的喜悦。44年后,他终于实现了《一生的愿望》中的106个愿望。

他就是 20 世纪著名的探险家——约翰·戈达德。

当有人惊讶地追问他,是凭借着怎样的力量把那么多的艰辛都踩在了脚下,把那么多的险境都变成了攀登的基石?

他微笑着回答道:"我总是让心灵先到达那个地方,随后,周身就有了一股神奇的力量。接下来,就只需要沿着心灵的召唤前进。"

"让心灵先到达那个地方。"约翰·戈达德道出了一个令人深思的哲理——在人生的旅途上,能够最终领略美妙风景的,必然是那些拥有强烈的登临渴望并为之不懈跋涉的追求者。

心灵的跃动,催化了奋进的脚步;心灵的渴望,催动了美梦的成真;心灵的富有,孕育了生命的奇迹……纵然我们的目光无法触及那希望的远方,我们的心灵已抵达。

在现实生活中,总有这样一些人,他们或因宿命论的影响,凡事听天由命;或因缺乏理想,做一天和尚撞一天钟,没有什么远见;或因性格懦弱,一旦众人认为某建议实属天方夜谭,对之嗤之以鼻,他便再也不敢为之而努力……请不要轻易认定自己的命运,也不要武断看低别人的命运。如果一个人遇事逃避,不敢"痴心妄想",不敢转变思路积极去追求而任由消极情绪完全支配自己的意志,那么最终他只能碌碌无为地了此残生,难以有所成就。

追溯人类历史而上,几乎所有新事物出现的根源,都不过是那么一点看似不太实际的梦想或者空想。成功离不开梦想,梦想帮助你正确地把握未来的发展道路,激活你生命的内在力量。

敢于梦想,勇于追求,唯有追求才能有所收获,唯有探索才能有所发现。追求者得,探索者获,但无论是追求还是探索,都要基于你的梦想。梦想不怕不可思议,梦想之路越宽越好,梦想有多远,你未来的世界就有多大。

数十年前,世界的航空水平还处于螺旋桨式的小型飞机的时代,飞机无法长时间飞行,运载能力很低,而且故障率很高。

美国环球航空公司为了拓宽视野,展望航空业的未来,组织了一次较大规模的航空知识有奖竞赛。要求每一位参赛者对航空业的未来作出大胆的想象,并在专家组对所有的答卷进行评选后,对提出良好意见的选手进行颁奖。

40多年之后,环球航空公司在整理档案时又一次翻阅了当年的那些答卷,共有1.3万余份。他们饶有兴趣地阅读了那些形形色色的"大胆想象",但遗憾的是,40多年后回头再看那众多的答卷,实在是显得太保守了。

但是当他们看到一位名叫海伦的答卷时,几乎都惊呆了:她当初所有大胆的想象全都已经变成了现实。也就是说,在1.3万余份答卷中,只有海伦的这一份才真正称得上是最完满、最正确、最具远见、最激动人心的答卷。答卷的主要内容是:

到1985年,喷气式飞机的载客量可以达到300人,最高时速可达到700千米,航程可达到5 000千米。有的飞机还可以自由降落,甚至可以在楼房的平台上紧急降落。到那个时候,美国人可以乘坐飞机到达美丽的夏威夷、澳大利亚、罗马,甚至埃及的金字塔等地方……此外,海伦还对机场的设施、导航设施都作了大胆的想象。

如此大胆的想象,在当时当然不可能被各界看好,甚至包括专家组。因为以当时的眼光来看,要实现这样的突破绝对是不可能的天方夜谭。所以,海伦的答卷"理所当然"地被淘汰、被放弃了,没有人会赞成这份近乎"痴人说梦"的答卷获奖。

后来,环球航空公司通过多方努力,终于找到了海伦。她已是满头银发、80多岁高龄的老人了。通过进一步的了解得知,当时海伦是个航空爱好者,在报上看到了航空知识有奖竞赛的启事后,便认真地在上面填写了自己的那些大胆想象。

环球航空公司研究后作出了一个非同凡响的决定：拿出 5 万美元给海伦颁发迟到 40 多年的奖励，以此来鼓励人们大胆的想象。因为时代高速的发展离不开大胆的想象，没有大胆的想象，便没有伟大的飞跃。

曾听到过这样一句话："人若没有梦想，就像鸟儿没有翅膀，不能飞翔。"没错，一个人的成败取决于他的思想，一个人的思想，取决于他是否敢去想、想多远。如果你不敢去梦想，又怎会敢去尝试；如果你不敢去尝试，又怎会得到别人得不到的东西？

海伦的考卷之所以在 40 年前被认为是"痴人说梦"、天方夜谭而在 40 年后轰动一时、受人瞩目，完全是因为她颠覆了当时所能承载的想象力，想了别人所不敢想，想了别人之未想。在当时，航空业的现状和海伦考卷上所述的标准，其差距过于巨大，以至于人们挖空了脑袋都觉得那种"理想状态"完全不可能实现。但随着时间的推移，随着科技的不断发展，当时的"绝对不可能"一个一个全都变成了"绝对可能"，应验了"没有做不到，只有想不到"这句话。

爱因斯坦认为：想象力比知识更重要，因为我们了解的知识终归是有限的，而想象力却能包含整个世界，以及我们的未来和我们将来能了解的一切。

黑格尔也说过："想象是最杰出的艺术本领。"

拿破仑甚至说："想象力可以统治全球。"

敢想，人类才会不断进步；敢想，社会才会不断发展；敢想，海市蜃楼才能幻化为现实美景。梦想，是大脑的空气，是巨大的创造力，能将自己的心灵和大脑完全放开，任它们无拘无束不受任何世俗的限制，海阔天空般地任意遨游驰骋，务实者将会因为梦想而高飞。

有了梦想就去做

　　哈佛流传着这样一句格言：Your competitor's desk is full of books now(你的竞争对手正在不停地翻动书页)。事实正是如此,当你正在茫然或空想的时候,或许你的竞争对手已经迈出了为梦想而努力的脚步,你有什么理由仍然停滞不前?

　　杰克·韦尔奇说:如果你有一个梦想,或者决定做一件事情,那么就立刻行动起来。再好的创意如果没有付诸行动,就不会有成果,便毫无价值可言。成功与失败的区别就在于:前者动手,后者动口。

　　比尔·盖茨就是只要拿定了主意,就马上行动,在最快的速度内把自己的想法付诸实施。

　　1973年秋天,比尔·盖茨遵从父亲的愿望考进了名校哈佛。在此之前,他就已经对自己的未来有了明确的方向。中学毕业前的一天,他和他的同学哈克斯一起打完羽毛球后,去餐厅喝饮料。哈克斯问他毕业以后要去哪里,做些什么,比尔·盖茨回答说自己要上哈佛大学,然后还补充一句:"我要在25岁时赚到我人生中第一个100万美元。"

　　到了哈佛以后,比尔·盖茨的心始终萦系在电脑上,入学一年不到,他就开始为他和保罗·艾伦的交通数据公司寻找业务,他深信电脑事业会给他带来巨大的回报。

　　到1974年春天,也就是比尔·盖茨进入大学后的第二学期,他经过不断的努力,成功地改进了BASIC语言,而当时就颇有名气的英特尔公司正好研发了一种8080芯片。有了功能强大但又不是那么昂贵的处理芯片，有了简洁的人机语言，比尔·盖茨相信一台可以被大众接受和使用的"微型"计算机已经呼之欲出了。虽然他还无法在脑海中清晰地描绘这台电脑的样子，但美梦已经有了雏形。

1974年的秋天，保罗·艾伦毕业后来到波士顿工作，他经常在晚上和周末去哈佛探望盖茨，和盖茨热烈讨论创办一家真正的电脑公司的计划。他们收集资料，分析形势，越发相信电脑已经面临一个真正进入千家万户的大好前景，终将引发一场新的技术革命。由于保罗已经参加工作，对计算机的市场应用比盖茨有更深的认识，他不断对盖茨说："这是一个千载难逢的机会，我们创办一家电脑公司吧！"盖茨看到他兴奋的样子，又结合当时的情况，也觉得时机已经来了。

比尔·盖茨深知，要想成就事业，就必须勇敢果断。经过再三的考虑，他决定退学，离开哈佛，立刻投身电脑事业。当他的父母知道他的决定后，找到了在电脑产业和商业都十分在行的斯托姆，试图说服盖茨。但是比尔·盖茨向斯托姆详细地说明了自己现在所做的事情和以后的打算后，斯托姆赞同了他的想法。于是，读完大二以后，比尔·盖茨就毅然地离开了哈佛，和保罗·艾伦一起专心研发软件去了。

这是一个非常有趣的故事，比尔·盖茨离开了哈佛，但却不可否认哈佛的精神始终鼓舞着他。在当时的环境和情况下，他发现了时不我待的一个商机，选择了立即去实现自己的梦想。当然，在比尔·盖茨阔别校园32年之后，他通过自身的成就最终获得了哈佛的学位。

英国著名小说家本杰明·狄雷利说：行动未必总能带来幸福，但没有行动却一定没有幸福。若要出人头地，我们必须主动地行动，记住一点——不行动就不会有任何成果。

每个人都有自己的梦想，然而真正身体力行去实现梦想的人并不多。许多人不行动是因为觉得自己没有准备好，其实已是"万事俱

备"。成功人士最初实现自己的梦想时,并没有比别人具备更好的条件,甚至有时候他们所能依托的条件往往还不如别人。唯一的差别是他们确立了自己的梦想后,就再也没有停止过努力。

2018年,美国的大批读者迫切地期待着一本图书的上线销售。还在预售的时候,它就已经登上了美国亚马逊全榜第一名的宝座。企鹅兰登出版社在北美首印180万册,仅在正式开售的第一天,就卖出了72.5万册。在英国、法国、德国、荷兰、西班牙、丹麦和芬兰,这本书也都登上了非虚构类榜单的第一名。根据出版社公布的数据,截至目前,上市一个多月的时间,这本书的全球销量已经超过500万册。

这就是美国前总统奥巴马的妻子、美国前第一夫人米歇尔·奥巴马(Michelle Obama)的亲笔自传《成为》(Becoming)。

让《成为》如此受到期待的原因却不仅仅是米歇尔作为前第一夫人的身份,而且是她本人就是一个有了梦想就去实现的人,就像人物简介所展现的那样:

当米歇尔·罗宾逊还是个小女孩的时候,她的世界还只限于芝加哥南城。那时,他们一家租住在位于二楼的小公寓里,米歇尔和哥哥克雷格共用一间卧室,他们还常常去公园里玩传球游戏。在父亲弗雷泽·罗宾逊、母亲玛丽安·罗宾逊的教导下,米歇尔养成了直率敢言、无所畏惧的性格。然而,生活很快就将她带向更远的地方:在普林斯顿大学,她第一次体会到作为班里唯一的黑人女生是怎样的感觉;在全玻璃幕墙的办公大厦,她成为一名杰出的公司法律师,也是在那里,一个夏日的早晨,一位名叫贝拉克·奥巴马的法学院学生出现在她的办公室,打破了她人生的所有精心规划。

米歇尔在书中写到,1964年,她出生在芝加哥南城的一个黑人家庭里。那时候的美国正处在震荡之中,肯尼迪遇刺,马丁·路德·金被人枪杀。很多白人家庭从市中心搬到了郊区，因为那里环境更好、学校更好、房子更大、犯罪更少。城里的白人变得越来越少。而米歇尔家则是留在城里的黑人家庭，没有自己的房子，跟亲戚住在一起。米歇尔的爸爸是一个普通的蓝领工人，她的妈妈早早开始教米歇尔读书认字，带她去图书馆，一泡就是大半天。

米歇尔从小就挺好强。上幼儿园第一天，老师让孩子们认读一组新单词，她没有全部念下来，当天晚上她反复念这些词，心心念念的都是能够把所有单词念对的小朋友们戴在胸前的一颗金箔纸做的小星星。

第二天米歇尔找到老师要求重新念一遍，老师一开始不同意，因为第二天还有别的课要上，但因为米歇尔的坚持，还是给了她机会。那天下午小小的米歇尔昂首挺胸地回到家，胸前别着一枚金色的小星星。

尽管此后米歇尔的小学、初中成绩都非常优秀，但当她终于进入了一所优秀的高中时，却感觉到了自己的渺小。她非常地不确定，自己能不能像同学们一样的聪明，所以她付出了更大的努力，一路追赶，保持着几乎全A的无可争议的成绩。尽管如此，在她申请大学之前，学校给安排的升学顾问却泼了她一盆冷水："我觉得你不是上普林斯顿的料儿。"

米歇尔在心里对自己说：这么说我还不够优秀。的确，米歇尔没有显赫的背景、过硬的推荐，努力——是她唯一能做的事。终于在6个月后，普林斯顿大学的录取通知书寄到了她的家里。

在普林斯顿，米歇尔依然每时每刻都在学习，从没有懈怠过。她默默地、坚定地达成一个个目标，下定决心，在每一个框框里打勾"√"。每一次证明自己之后，还有下一次挑战在等着。她不停地问自己："我是不是足够优秀了？"

从普林斯顿毕业以后，米歇尔考入了哈佛大学的法学院，继续攻

读博士。一直到她后来成为第一夫人,她也没有停止去追寻梦想,去脚踏实地地努力实现自己的目标。

比尔·盖茨曾经对青少年说过这样一句话:"如果你已经制定了一个伟大的计划,那么就在你的生命中尽最大的努力去做吧。"行动的最大敌人是什么? 那就是拖延。

文学家、历史学家迪斯累利说:"行动不一定就带来快乐,但没有行动则肯定没有快乐。"讨论如何去做是一种想法,可是没有行动,就不会有好的结果,只有行动才是最好的检验。

一切宏伟的目标都由最初的梦想而来。人因有了梦想而确立自己的目标,因确立了目标而有了前进的动力,梦想是成就美丽人生的一大基石,没有梦想的人生是枯燥乏味的人生,没有梦想的人生会失却很多机会。

有了梦想就去做,梦想只有通过行动才能起作用;没有以行动为依托的梦想,其实质永远只能停留在海市蜃楼阶段,虚无缥缈。所以,一切现实的美景都是从海市蜃楼开始的,而一切海市蜃楼想要幻化成实实在在的高楼大厦,就必须要求在有了梦想之后即刻行动起来。

一百多年前,一位穷苦的牧羊人带着两个幼小的儿子替别人放羊。

有一天,他们赶着羊来到一座山坡上,一群大雁鸣叫着从天空飞过,很快消失在远方。

牧羊人的小儿子问父亲:"大雁要往哪里飞?"

牧羊人说:"它们要去一个温暖的地方,在那里安家,度过寒冷的冬天。"

大儿子眨着眼睛美慕地说:"要是我们也能像大雁那样飞起来就好了。"

小儿子也说:"要能做一只会飞的大雁多好啊!"

牧羊人沉默了一会儿，然后对儿子说："只要你们想，你们也能飞起来。"

两个儿子试了试，都没能飞起来，他们用怀疑的眼神看着父亲。牧羊人说："让我飞给你们看。"于是他张开双臂，学着大雁的样子，但也没能飞起来。可是，牧羊人肯定地说："我因为年纪大了才飞不起来，而你们还太小，只要不断努力，将来就一定能飞起来，到那时，你们就可以去任何想去的地方。"

两个儿子牢牢记住了父亲的话，并一直不懈地努力着。等到他们长大——哥哥36岁，弟弟32岁时——两人果真飞起来了，因为他们发明了飞机。

这个牧羊人的两个儿子，就是美国著名的莱特兄弟。

人真的可以像鸟儿一样飞翔吗？听起来是个无稽之谈，但是就是因为怀有"让自己能像鸟儿一样翱翔在空中"的理想，莱特兄弟才发明了飞机。

有了梦想就去做！梦想或隐或显，总是潜伏在我们心底，在这些梦想成为事实以前，我们的心境其实很难得到宁静，而要想使"这些梦想成为事实"，行动才是最有力的保证和最坚强的后盾。

或许为了心底的梦想的实现，我们需要付出艰辛的努力和世人无情或无知的冷嘲热讽。不必太在意这些中伤自己的言辞，更不必瞧不起自己，因为很多辉煌成就的背后，都铭刻着这样的过程。

今天停步不前，
明天就要奋起直追

哈佛流传这样一句谚语：You must run fast if you even don't take a pace.用中文来说，或许可以译为我们耳熟能详的那句：今天停步不前，明天就要奋起直追。

对人们来说，目标的制定并不难，难就难在为了这个目标所进行的不断奋斗的过程。常有人因为遇到困难和挫折就从此停步不前，他们不明白，梦想的实现往往来自点点滴滴的积累。

所以，当你明确了自己的目标之后，就应该着手为实现这个目标而努力。只有通过不断的钻研和实践，不时浇灌你心中的土壤，不时地在上面栽下花花草草，它才会更加丰饶。

有人说，人在整个的一生中干不了几件大事，所以你一旦决定要做一件事的时候，一定要锲而不舍地像追求情人一样去追求你的目标。那些出类拔萃的成功者绝大多数都是早早地辨明了自己的人生方向，制定了相应的行动计划，并且对准一个目标毫不动摇、决不气馁、全力以赴去接近它、实现它的人。

可能有人会说："我也知道锲而不舍地去追求自己的理想会扩大自己成功的可能性，如果在兴趣浓厚的时候或者计划刚诞生的一段时间内，我觉得为了理想而不断追求是一种喜悦和挑战，但是当我激情消退，兴味索然的时候或是受到了一些打击之后，继续追求目标便成了我的一种负担和痛苦，我便很有可能将此事搁置或就此放弃。"

的确，从事某件事不难，难就难在坚持不懈地去做这件事。如果你因为激情消退或一两次的受阻而将你的目标从此束之高阁，你将永远无法登上成功的顶峰。

美国浪漫主义小说最重要的代表作家赫尔曼·麦尔维尔，其作品《白鲸》于 1851 年惨遭退稿。退稿信上讲："十分遗憾，我等一致反对出版大作，因为此小说根本不可能赢得广大青少年读者的青睐。作品又臭又长，徒有其名而已。"

美国 19 世纪最杰出的大诗人沃尔特·惠特曼，其作品《草叶集》于 1855 年被退稿。退稿信上写道："窃以为出版大作当属不甚明智之举。"

法国著名小说家福楼拜，其作品《包法利夫人》于 1856 年被退稿。退稿信上写道："整部作品被一大堆甚为精彩但过于繁复累赘的细节描写所淹没。"

英国第一位荣获诺贝尔文学奖的名作家约·罗·吉卜林，他的《无题》于 1889 年被退稿。信上说："很抱歉，吉卜林先生，您根本不知道怎样使用英语写作！"

美国著名批判现实主义作家杰克·伦敦，他的《生活之法则》于 1900 年被退稿。信上写道："令人生畏，使人沮丧。"

儒勒·凡尔纳，他不仅是著名作家，而且是科幻小说之父。可他的第一部科幻小说《乘气球五周记》投稿之后，竟被退稿 15 次，气得他差一点把稿子投进壁炉烧掉。

世界短篇小说大师莫泊桑在他的成名作《羊脂球》发表之前，已经写了多少没有发表的作品呢？其稿子累积起来足有写字台那么高！

很多日后成为伟大文学家的人，在他们未成名之前，大多会经历或多或少的退稿事件，但他们可曾因为被退稿而停步不前？

有一个年轻人，21 岁时在生意上遭到失败，22 岁时参加议员竞选失败，24 岁再次生意遭受挫折，26 岁时心爱的人死了，27 岁时患上了

神经衰弱,34 岁时参加国会竞选失败,45 岁时竞选参议员失败,47 岁时竞选副总统受挫,49 岁时竞选参议员失败,在他 52 岁时,终于当选为美国总统——这个人就是亚伯拉罕·林肯(Abraham Lincoln)!

生活中,无论你是伟人还是凡人,都不可避免地要经历一些失败,但有的人因为一次失败而放弃理想,从此停步不前,等到悔之已晚时,即使奋起直追也已经来不及。

或许你会说:"我已经失败了好多次,想必再试也是徒劳无益,我虽然每次都尝试着要站起来,但事实证明,每次还未站稳的时候,却又滑倒了,所以我想,大概成功是注定不会降临到我头上的了。"

如果你有这样的想法,奉劝你从现在起马上停止,因为消极的心态会引导消极的行为,进而造成消极的结果。千万要摆正对待失败的态度,纵然你曾经有太多失败的经历,假如你还没有放弃,就不算是最后的失败者,因为无数成功者的经验告诉我们,没有永远的失败,只有暂时的不成功。

而这个世界上真正的成功属于那些不怕失败的人,更属于那些,即使处于被普遍认同的成功的状态时,也不会懈怠,并不断跳出自己的舒适区,制定新的目标并勇于大胆尝试的人。

哈佛历史上唯一的一位女校长德鲁·吉尔平·福斯特在 2016 年的哈佛毕业演讲中这样讲到:人们也许会说哈佛是天堂,充满了各种难以想象的机遇和好运——确实,我们每个人都有幸在她漫长而成功的历史中占有一席之地。但这也对我们提出了要求:我们有责任走出自己的舒适区,寻找属于我们的挑战,践行哈佛奋斗不息的精神。以下是节选的部分演讲内容:

优秀的教育之所以优秀,是因为它让你坐立不安,它强迫你不断重新认识我们自己和我们周遭的世界,并不断去改变。

斯蒂芬·斯皮尔伯格将在毕业典礼上为我们演讲,他就曾经这样解释他创作的基石:"恐惧是我的动力。当我濒临走投无路的时候,也是我遇见最好的想法的时候。"

大学,不正是这样一个让每一个人都接受挑战、让每一个人都产生不确定性的地方吗?

就这样,大学四年间,你都一直在学习重新定义自己的故事。你需要去寻找你自己的声音,将自己放入一个故事中——无论是对气候变化采取反抗行动,发现你对统计学的热衷,还是发起了一项有意义的运动,你目睹故事不断被重新讲述。

我想和大家说的是:"不要妥协,直奔你的目标!"

这些年,我一直在告诉大家:追随你所爱!

去从事你真正关心的事业吧,无论是物理还是神经科学,无论是金融还是电影制片。如果你想好了目的地,就直接往那里去吧。

这就是我的"停车位理论":不要因为觉得肯定没有停车位了,就把车停在距离目的地 10 个街区远的地方。直接去你想去的地方,如果车位已满,你总可以再绕回来。

所以在这里,我想祝贺你们,2016 届的哈佛毕业生们。别忘了你们来自何处,不断改变你的故事,不断重写你的故事。我相信这项任务除了你们自己,谁也无法替你们完成。

即使已经经过了漫长的拼搏,进入了哈佛这样一所顶尖学府,真正的人才也无法就躺在自己的舒适区里停步不前,而是永远给自己设定新的目标并奋起直追,不断地重新定义属于自己的故事。

因为成功者知道,今天的一点点懈怠和止步不前,都有可能在未来需要付出更多的代价去奋起直追。

在他们眼中,成功是山峰,失败是山谷。没有一座山是笔直向上的,每一座山都是由山峰和山谷交错组成的。而一山望着一山高,总

有更高的山峰等待着自己去攀登,而有些风景和目标也只有站在更高的地方才能看到。

　　如果遇到失败,他们知道,失败只是成功前的考验;如果获得成功,他们也不会自满自足从而停步不前,而是永远向着自己新的目标奋起直追。

哈佛大学教学楼

不能一帆风顺，那就乘风破浪

哈佛曾经流传过这样一句格言：幸福或许不排座次，然而成功却必须依次排名(Perhaps happiness does not arrange the position, but success must arrange the position)。这就让我们想到这样一种场景：

每天早上，一只非洲羚羊醒来，它就知道要比跑得最快的猎豹还要快，否则它就会被吃掉；每天早上，一只猎豹醒来，它就知道必须比跑得最慢的羚羊要快，否则它就会饿死。于是不管是猎豹还是羚羊，太阳升起的时候就会开始奔跑！

这种场景完全体现了哈佛所传达的智慧，因为成功必须依次排名。所以在我们追求梦想的道路上，也必须有着这样的决心、毅力和意志，如果不能一帆风顺，那就勇敢地乘风破浪。

艾森豪威尔年轻时，经常和家人一起玩纸牌游戏。

一天晚饭后，他像往常一样和家人打牌。这一次，他的运气特别不好，每次抓到的都是很差的牌。开始时他只是有些抱怨，后来，他实在是忍无可忍，便发起了少爷脾气。

一旁的母亲看不下去了，正色道："既然要打牌，你就只能用你手中的牌打下去，不管牌是好是坏。要知道，好运气不可能永远光顾于你！"

艾森豪威尔听不进去，依然愤愤不平。

母亲见他依旧气呼呼的样子，心平气和地告诉他："其实，人生就

123

和打牌一样,发牌的是上帝,不管你名下的牌是好是坏,你都必须拿着,你都必须面对。你能做的,就是让浮躁的心情平静下来,然后认真对待,把自己的牌打好,力争达到最好的效果。这样打牌,这样对待人生才有意义!"

母亲的话有如当头一棒,令艾森豪威尔在突然之间对人生有了直观的感悟。此后,他一直牢记母亲的话,并以此激励自己去努力进取、积极向上。就这样,他一步一个脚印地向前迈进,成为中校、盟军统帅,最后登上了美国总统之位。

印度前总统尼赫鲁曾经说过这样一句话:"生活就像是玩扑克,发到手里的是什么牌是定了的,但你的打法却完全取决于自己的意志。"

没错,上帝发牌是随机的,发到你手里的会有好有坏。当你拿到不好的"牌"时,请不要一味地抱怨,因为这对于你没有半点用处,也不会因为你的抱怨而令现状有所改变。

同样成为美国总统,并且是美国历史上第一位非裔美国人总统的贝拉克·奥巴马,同样是拿了一手不怎么样的人生牌面,却打出了一手好牌。

奥巴马1961生于美国夏威夷,父亲是来自肯尼亚的黑人,母亲是堪萨斯州的白人。奥巴马2岁多时,他的父母婚姻破裂。6岁时,他随母亲和继父前往印度尼西亚首都雅加达生活,几年之后全家又回到夏威夷,与外祖父母住在一起。若干年后母亲与继父离婚之后,他随母亲迁居美国本土。

奥巴马在青年时期,曾有一段比较颓废的时期。他因为自己的多种族背景,感觉很难取得社会认同,幸而有他的外祖父母给予他很多的指导才慢慢度过了那段时间。

此后的若干年,奥巴马的经历完美地体现了不能一帆风顺,那就乘风破浪的精神。关于这一点,在奥巴马夫人米歇尔的自传中也多有

提及。米歇尔在自传中这样描述奥巴马：

他在物质方面没什么要求，把钱基本都花在了买书上，他总是去啃那些有关文学、哲学类的厚厚的书，那对他来说是稀松平常的事情。他每天都要看好几份报纸，关注着各种时事动向。

他喜欢思考那些抽象的、宏大的问题，他总觉得自己能为这些问题做些什么。

他确实有一种魅力，心存远大的志向。在工作中，我看得到他的谦卑，还有他愿意为了更宏大的目标去牺牲自己的需求。

他是《哈佛法律评论》期刊创刊 130 年来的第一个黑人主席。毕业以后，他本可以顶着"明星实习生"的光环去高薪的律所工作，但他没有这么做。他有着强烈的使命感，他在芝加哥主持选民登记运动，为一家民权律师事务所工作。这让他还清学生贷款的时间延长了 2 倍。他还在芝加哥大学法学院担任宪法讲师。他对自己的人生方向是如此的笃定。

然而在他第一次想要竞选公职的时候，我虽然同意了，但还是给他泼冷水说："我觉得你会受挫的。如果你最后当选了，到头来付出多少努力，却什么事儿也干不成，你会疯掉的。"

他耸耸肩说："或许吧。但也许我也能做点事情。谁知道呢？"

对啊，谁知道呢？他就是这么乐观。

当他竞选的时候，他的对手对黑人选民说："贝拉克在我们这儿，不过是一个长着黑人脸的白人罢了。"

甚至还有著名的黑人议员公开说："他上了哈佛，他成了一个受过教育的蠢货。我们不欢迎这些精英大学毕业的家伙。"

可我在想：黑人父母们不正是天天期盼着自己的孩子有出息，希望他们成为贝拉克这样的精英吗？

为了竞争选票，这些黑人议员竟然可以颠倒黑白，说什么这样"优

秀"的人非我族类,其心必异。

可惜的是,在那一年的民主党初选中,奥巴马正是落败于这样诋毁他的一位对手。

奥巴马的竞选之路完全不是一帆风顺的,但他却没有放弃,2004 年他开始竞选美国参议院席位时,有一场奠定了未来他在政坛发展基础的演讲。米歇尔在自传中这样形容这场演讲:"在波士顿集会现场,有超过 15 000 人,并且是黄金时段的电视直播。那一天是 2004 年 7 月 27 日,他上台讲了 17 分钟,那是我的男人在亿万观众面前第一次闪耀着光芒的时候。当他说完最后一个词的时候,台下是山呼海啸、震耳欲聋的喝彩与掌声。有媒体评论说:'我刚刚看到了第一位黑人总统。'"

奥巴马这场成名演讲稿的主题是:无畏的希望(The audacity of hope)。在演讲中他讲道:

……对未来满怀希望。这并不是说要盲目乐观。

以为只要不谈论失业问题,这个问题就会自行消失;

认为只要无视医疗危机的存在,它也会烟消云散。

我所谈的是更为根本的问题。

是因为存在希望,奴隶们围坐在火堆边时,才会吟唱着自由之歌;

是因为存在希望,才使得人们愿意远涉重洋,移民他乡;

是因为希望,年轻的海军上尉才会在湄公河三角洲勇敢地巡逻放哨;

是因为希望,出身工人家庭的孩子才会敢于挑战自己的命运;

是因为希望,我这个名字怪怪的瘦小子才相信美国这片热土上也有自己的容身之地。

这就是无畏的希望。

我们的生活中，难题永远是存在的，并不会因为我们不去面对，难题就会减少或消失。怨天尤人解决不了任何问题，因为拿到怎样一手牌并非我们自己能够决定的，我们分到什么就是什么，没有任何选择的余地和更换的可能性。

如果你在不利的环境中仍然心存伟大的志向和美好的理想，调整好自己的情绪，怀抱着一种无畏的希望，把自己能够做的、应该做的都做到极致，将自己手中并不算好甚至还有点糟糕的"牌"优化组合，依然可以把整副牌打到反败为胜。

纽约的零售业大王伍尔沃夫，在青年时代非常贫穷。他在农村工作，一年中几乎有半年的时间都是打赤脚的，因为他根本没有钱去买鞋子。

为了告别贫穷，伍尔沃夫树立了成为富翁的信念。他借来了300美元开始创业。一开始他在纽约开了一家商店，店里的商品售价全是5美分，有时候一整天的营业额还不到2.5美元，没多久他的经营就失败了。之后他又陆续开了4个店铺，其中3个店完全失败。就在他几乎绝望的时候，他的母亲来探望他，她握着他的手，对他说："不要绝望，总有一天你会成为富翁的。"

在母亲的鼓励下，伍尔沃夫成为富翁的信念更加坚定了，于是面对挫折他毫不气馁，反而更加自信地开拓经营，最终一跃成为全美一流的资本家，建立了当时世界的第一高楼，就是纽约的伍尔沃夫大厦。他成功以后，常常说："我成功的秘诀就是让自己的心灵充满积极信念，仅此而已。"是啊，如果一个人没有正确的信念，那么他根本不可能成功。

成功者都相信自我实现的预言，并且努力向上。他们不惧怕别人的鄙夷和不屑，他们勇于挑战自己，他们始终坚持自己的正确信念，相信自己的能力和决心可以解决一切问题。路易士·宾斯托克说："每

一个人，无论是贩夫走卒还是英雄人物，总有遭人批评的时刻。事实上，越成功的人，受到的批评就越多。只有那些什么都不做的人，才能免除别人的批评。"

生活中，有很多东西非人力所能掌控，有很多东西我们无从选择，一帆风顺常常是一种不可能实现的奢求。那么，当困难摆在眼前，我们究竟该怎么办呢？你当然可以抱怨，但这又有什么用呢？上帝不会因为你的抱怨而收回他所发出的牌，命运也不会因为你的抱怨而可怜你、从此眷顾你，这些身心上的巨大苦痛还是需要你自己去承受，之后的路还是需要你自己去走。

不能一帆风顺，那就勇敢地乘风破浪！像那个古老的祈祷所示，对于还能改变的事实，请赐予我勇气去努力改变；而对于不可改变的事实，请赐予我勇气去努力接受。命运全在搏击，奋斗就是希望，勇敢地接受上天对你的不公，尽自己最大的力量不断克服自己，只有这样才能不断超越自己，超越别人。

哈佛毕业的美国第32任
总统富兰克林·罗斯福

第六章　没有艰辛,就没有收获

No pains no gains.

没有艰辛,就没有收获。

——哈佛图书馆格言

享受无法回避的痛苦

哈佛图书馆墙上书写着这样一句发人深省的格言：Enjoy the unavoidable suffering（享受无法回避的痛苦）。人生中总有无法回避的失败和挫折，是因为挫折所带来的痛苦而麻木或退却，还是用坚韧的心态直面这种心情，甚至享受这种痛苦并永不放弃自己的理想，全看人们如何选择。

松下幸之助曾经说过：在人生旅途中，不时穿插崇山峻岭般的起起伏伏，时而风吹雨打，困顿难行；时而雨过天晴，鸟语花香。总希望能够振作精神，克服困难，继续奔向前程。

人生之路从来就不是铺满鲜花的，要完整地走好自己的人生之路，我们就必须有时染上尘埃，有时越过泥泞，有时横渡沼泽，有时行经丛林，一路披荆斩棘，才能到达人生的终点。正因为我们知道生活不会一帆风顺，所以我们更需要微笑着面对一切困境。

好莱坞有一部根据真实故事改编的著名电影《风雨哈佛路》，讲述的就是一个贫穷困苦的纽约女孩通过不懈的努力步入哈佛成为天之骄子的故事。

莉兹，一位生长在纽约的女孩。她的父母吸毒，她8岁开始乞讨，她15岁时母亲死于艾滋病，父亲进了收容所，她17岁开始用2年的时间完成了高中4年的课程，获得1996年《纽约时报》一等奖学金，进入哈佛学习。

这是一个真实的故事，有关一个女孩自强不息的生命历程。她的

131

故事被拍摄成一部励志向上的美国影片——《风雨哈佛路》。影评人给予了影片高度的评价，称这部影片传递给人们的除了心灵的震撼，还有深深的感动。

影片之中有着许多震撼人心的经典台词：

√ 人会死，花会谢，看似有价值的东西实际上毫无意义。最终留下的是一个影像，模糊的影像，供我们回忆。

√ 就在那一刻，我明白了，我得作出选择。我可以为自己寻找各种借口对生活低头，也可以迫使自己创造更好的生活。

√ 为什么不能是我这种人，他们有什么特别之处，是因为他们的出身？我尽力拼搏，不让自己沦落到社会底层。如果，如果我更加努力呢？我现在离那层膜很近，触手可及。

√ "修10门课，用2年读完，这不太可能，太辛苦了。"

"没关系，我可以。"——莉兹

√ "莉兹，像我们这样的人，是不可能成功的，更不可能进哈佛。"

"我会的。"——莉兹

√ 我很聪明，我可以改变我现在的生活，改变我的一生。我需要的只是这个机会。我为什么要觉得可怜，这就是我的生活。我甚至要感谢它，它让我在任何情况下都必须往前走。我没有退路，我只能不停地努力向前走。我为什么不能做到？我爱我的妈妈，自始至终，自始至终，尽管她吸毒，尽管她没有照顾女儿，而一直是我在照顾她，好像她变成了我的孩子。

√ 每天起床，我看见世界上的每个人，都好像披着一层膜，无法穿透。这种感觉很奇怪，有点悲哀，可是没有办法改变。这些人的动作举止，为什么这么不一样？是不是因为，他们来的世界就是这么不一样？若是这样，那我要更努力、更努力，

把我自己推到那个世界中去。

√ "如果我不顾一切发挥每一点潜能去做会怎样？"
"我必须做到，我别无选择。"

√ 我知道外面有一个更好更丰富的生活，而我想在那样的世界里生活。

√ 请不要闭眼，机会就在下一秒出现。

√ 没有人可以和生活讨价还价，所以只要活着，就一定要努力。

√ 世界在转动，你只是一粒尘埃，没有你地球照样在转。现实是不会按照你的意志去改变的，因为别人的意志会比你的更强些。生活的残酷会让人不知所措，于是有人终日沉浸在彷徨迷茫之中，不愿睁大双眼去看清形势，不愿去想是哪些细小的因素累积在一起造成了这种局面。

√ 我觉得我自己很幸运，因为对我来说从来就没有任何安全感，于是我只能被迫向前走，我必须这样做。世上没有回头路，当我意识到这点时我就想，那么好吧，我要尽我的所能努力奋斗，看看究竟会怎样。

　　或许你不会经历像莉兹那样的痛苦，或许你有更加悲惨的遭遇，但无论如何，已经发生的是无法改变的事实，你所能做的不是逃避，也不是哭泣，而是微笑着面对，继续生活，如同这个真实故事中莉兹所做的那样。

　　微笑是面对困难最好的姿态，因为只有微笑着继续前行才是面对困境的唯一出路。在合适的时机展现微笑，满天的乌云都会消散。

　　每个人都有自己的人生之路，人生之所以精彩，是因为你永远不能确定明天会发生什么。但无论发生什么，无论是面临怎样的困境，我们所能做的只有挺起胸膛，顺着自己的路走下去，不能逃避。

　　当你面对生活感到痛苦的时候，不要哭泣。因为"如果在一个想让你哭的人面前流泪,那就是失败。越是这种时候,越是要笑,顽强地度过人生。"

　　卡耐尔·桑达斯是肯德基炸鸡的创始人,他 6 岁时,父亲就去世了,卡耐尔曲折的一生也因此开始了。为了照顾年幼的弟弟,补贴家庭支出,他开始当起农民,在田间劳动。14 岁时,他又不得不退学。卡耐尔性子暴烈,是个不实现自己的愿望决不罢休的人。这种固执的性格,总成为他与别人争吵的原因,他为此不得不多次变换工作。他讨厌被别人使来唤去,于是就开始自己经营一家汽车加油站,但不久受经济危机的影响,加油站倒闭。第二年,他重新开了一家带有餐馆的汽车加油站,因为服务周到且饭菜可口,生意十分兴隆。

　　但是,谁曾想到一场无情的大火把他的餐馆烧了。他曾经一度放弃再次经营餐馆的设想,但最终还是振奋起精神,建立了一个比以前规模更大的餐馆。餐馆生意再次兴隆起来。可是,厄运又找上门来。因为附近另外一条新的交通要道建成通车,卡耐尔加油站前的那条道路因而变成背街背巷的道路,顾客也因此剧减。65 岁时卡耐尔放弃了餐馆。看似万事休矣,然而,卡耐尔并未死心。他不再注视和缅怀那些已经失去的东西,而是珍重仍旧存在的东西。他想到手边还保留着极为珍贵的一份专利——制作炸鸡的秘方。现在,他决定卖掉它。为了卖掉这份秘方,他开始走访美国国内的西餐馆。他教授给各家餐馆制作炸鸡的秘诀——调味酱。每售出一份炸鸡他将获得 5 美分的回扣。5 年之后,出售这种炸鸡的餐馆遍及美国及加拿大,共计 400 家。

　　当时,卡耐尔已经 70 多岁。1992 年肯德基炸鸡的连锁店在全美达 5 000 家,海外达 4 000 家,共计扩展到 9 000 家。

　　成功与逆境是一对孪生姐妹,每个成功者的背后,都写满了失败、挫折等逃避不了的厄运。对于逆境,罗素是这样说的:"要使整个人生

都过得舒适、愉快，这是不可能的，因此人类必须具备一种能应付逆境的态度。"

当我们走在路上，我们眼里看到的只是肯德基充斥大街小巷的店面，当我们坐在电视机前，随时可见的也只是肯德基一轮又一轮的广告，谁可曾想到，卡耐尔·桑达斯——这个肯德基的创始人，在成功之前所经历的种种磨难。逆境，是人生不变的真理，而生机，就藏在逆境之中。

放眼世界，放眼历史，凡有所成就之人，都是在面对各种障碍物之前不轻言放弃，循着自己的目标不断进取直到成功的人。所谓"士人有百折不回之真心，才有万变不穷之妙用"，如果一味地从看似不良的外在环境、看似不利的客观因素以及"上帝对我不眷顾、不公平"等言辞方面找"不能成功"的理由或借口，那你又怎能真的取得成功呢？要是所有的条件都那么理想，那么成功对每一个人来说，不是太轻而易举了吗？

1952 年，艾德蒙·希拉里想要攀登世界最高峰——珠穆朗玛峰。在他失败后数周，他被邀请到英国一个团体演讲。希拉里走到讲台边，握拳指着山峰照片大声说："珠穆朗玛峰，你第一次打败我，但是我将在下一次打败你，因为你不可能再变高了，而我却仍在成长中！"仅仅一年以后的 5 月 29 日，艾德蒙·希拉里成为第一位成功地攀登珠穆朗玛峰的人。

如果你够细心，就会发觉生活中存在着这样一条规律：以百折不回的坚韧品质为资本而终获成功的人，远比以金钱或秉异的天赋为资本而获得成功的人要多得多。人类历史上大部分成功者的故事也足以说明：发扬百折不回之精神，终能冲破成功路上的一切障碍物。

"万事开头难"是我们经常会听到的一句俗语，它告诉我们，一个良好的开端在整条成功道路上所具有的不可忽视的重要作用。但我

们同时会发现另一个现象：

许多人在接触新事物，从事新工作的时候往往充满了热情，碰到问题时也能够非常积极地去对待、去解决，而随着时间的推移，等到这股子热情日趋淡薄，人们对于当初立志要完成的这项事业或行动便开始发出抱怨和推托之词，尤其是在经历了一些挫折，遭遇了一些困难，或者这项事业没有什么起色的时候，人们发现虽然自己已经耗费了许多时间和精力去应付，但问题依然没有得到妥善解决，后果仍然不甚理想，前景也依旧渺茫。于是，大多数人便从思想上开始产生畏惧、恐慌，在行动上日渐消极地对待，最终放弃努力——不可否认，这是更多人失败的原因。

人生不如意之事常有，在你的事业难以为继时，在你的生活遭遇低谷时，你会放弃吗？经历了一次失败，你会放弃吗？

达尔文出生在英国的施鲁斯伯里。祖父和父亲都是当地的名医，家里希望他将来继承祖业，16岁时便被父亲送到爱丁堡大学学医。

但达尔文从小就热爱大自然，尤其喜欢打猎、采集矿物和动植物标本。进到医学院后，他仍然经常到野外采集动植物标本。父亲认为他"游手好闲""不务正业"，一怒之下，于1828年又送他到剑桥大学，改学神学，希望他将来成为一个"尊贵的牧师"。达尔文对神学院的神创论等谬说十分厌烦，他仍然把大部分时间用在听自然科学讲座，自学大量的自然科学书籍。他热心于收集甲虫等动植物标本，对神秘的大自然充满了浓厚的兴趣。但这同样遭到父亲的斥责："你放着正经事不干，整天只管打猎、捉耗子，将来怎么办？"父亲认为他所做的研究都是在整天玩乐，在做毫无前途的研究。甚至在小时候，所有的老师和长辈都认为达尔文资质平庸，与聪明是沾不上边的。

但就是这样被认为资质平庸的达尔文，凭借自己对自然科学的一腔热情和坚忍不拔的研究精神，最后写成了《物种起源》，成就了自己的"进化论"，成为举世闻名的自然科学家。

坚韧可以说是所有成功人士的共同特点。而没有任何东西能够代替坚韧的品质在成功之路上的地位。

哪怕你有天赋、有金钱、有地位、有学识，但如果你没有向着成功的目标前进的坚韧品质，你就一定不会获得什么成就。就如同爱迪生所说的："天才是1％天赋＋99％的勤奋。"

1914 年 12 月的一场大火，几乎摧毁了爱迪生的实验室，损失逾200 万美元。因为那座建筑物是混凝土所建，原本以为可以防火，所以只保了 23.8 万美元的火险，而爱迪生一生大半的研究都在这次火灾中付之一炬。而此时，爱迪生已经是个 67 岁的老人了，不再是年轻的小伙子了。

火势正大时，爱迪生 24 岁的儿子查尔斯，在浓烟和瓦砾中疯狂地寻找父亲。找到时，爱迪生正平静地看着火景，火光反射在他脸上，看不出丝毫的抱怨或是悲痛之情。

他看到自己的儿子，于是扯开喉咙叫道："查尔斯，你母亲在哪里？"当儿子回答说不知道后，他又叫道："把她找来，她有生之年再也看不到这种景象了。"

第二天早晨，爱迪生看着灰烬里的废墟说："灾难中自有大价值，我们所有的错误都烧之殆尽。感谢上帝，我们又可以重新开始了。"

这次毁灭性的大火虽然毁掉了爱迪生的实验室，但是却为他带来了新的动力与希望。就在大火后 3 个星期，爱迪生发明了他的第一部留声机。

生活的道路从来就不平坦，总是充满了坎坷和突如其来的困难，这些都是我们无法选择和预料的。但是，面对坎坷和困难的态度却是

我们可以选择的。是就此被困难击倒，还是享受无法回避的痛苦，在绝望中发现希望——这都取决于我们自己。

坚持不完全等同于成功，但放弃一定意味着失败。胜利者不一定属于跑得最快，跳得最高的人，却一定属于最有毅力，永不言弃的人。踏踏实实地爬山，连昆仑山也能上去；爬三步就放弃的人，小小的土坡也上不去。虽然继续坚持的路越发难走，继续坚持的脚步更加沉重，但俗话说："吃得苦中苦，方知甜中甜。"当你凭借着常人难以付出的心血、韧劲和努力去要求同样的胜利果实时，命运之神没有理由会把那唯一或少数的"好果子"给予中途转头走掉的人而不给你。

在圣经新约《启示录》中我们读到过这样的话："勇于克服困难的人，我邀请他与我共享荣耀。"

生命的奖赏往往放在旅途的终点，而非起点附近。谁都不知道要走多少路才能达到目标，摘到胜利之果，即使你已经花费了很长时间，走了很长的路，你仍然有可能遭遇失败。但残酷的事实便是：如果你就此停下或者回头，你就永远地失败了。

或许，成功就藏在拐角后面，等待你继续前进直到拐弯。但或许你真的走到拐弯之处时，发现成功还是没有光临于你。继续还是放弃？你肯定会再一次自问。

18世纪美国著名的出版家和作家阿尔伯特·哈伯德说过：失败与成功之间的分界是如此细微，以至于我们在跨越它时往往不曾留意我们时常处在分界点却不自知。在你完全不知道离成功还有多远的时候，再前进一步；如果没有用，就再向前一点。你要尽量避免绝望，而是要放眼未来，不再理会脚下的障碍，也不要忧虑现在所面对的痛苦，因为"没有艰辛，就没有收获"，这同样是哈佛大学图书馆墙上所悬挂的著名格言之一。

没有任何品质可以替代恒心

"成功并非偶然，往往来自严格的自我管理和持久的恒心"。生活不仅仅是速度的竞赛，也是时间的竞赛，做一件事情不难，难的是坚持不懈地长期做同一件的事，很多人输，就是输在"坚持"二字上，没有任何品质可以替代恒心。

开学第一天，古希腊大哲学家苏格拉底对学生们说："今天咱们只学一件最简单也是最难做的事情。每人把胳膊尽量往前甩，然后再尽量往后甩。"说着，苏格拉底示范做了一遍。

"从今天开始，每天做 300 下。大家能做到吗？"学生们都笑了。这么简单的小事，有什么难的？

苏格拉底说："大家不要笑。世界上最难的事就是坚持做最简单的事，能把一件事坚持做到最好的人才可能有所成就。"

过了一个月，苏格拉底问学生们："每天甩手 300 下，哪些同学坚持下来了？"

有 90% 的同学骄傲地举起了手。

又过了一个月，苏格拉底又问，这回，坚持下来的学生只剩下八成。

一年过后，苏格拉底再一次问大家："请告诉我，还有哪几位同学坚持最简单的甩手运动了？"

这时，整个教室里，只有一人举起了手。这个学生就是后来成为

古希腊另一位大哲学家的柏拉图。

　　这里我们并不是说，把每天甩手300下坚持下去就能达到成功人生，而是人们常常容易忽略的它本身所蕴含的意义：恒心。

　　"万事从来贵有恒。"做任何事情都不能缺少恒心，任何成功都必须依靠我们的全力以赴、坚持到底，只要有恒心，纵然铁棒也能磨成针；反之，立志无恒，终身事无成，永远无法得到自己想要的一切。

　　被称为"短篇小说之王"的法国19世纪作家莫泊桑，到30岁时，他的作品仍是一篇都没有发表。他开始对自己丧失信心，不再写作，而是想改行经商。他姐姐知道了莫泊桑的心意后，批评他缺乏恒心，并建议他去拜访比他年长29岁的福楼拜。

　　福楼拜是当时享誉文坛的大作家，他和蔼地接待了来访的莫泊桑，并把莫泊桑让进书斋，指着自己的作品说："当初我也跟你一样灰心过，动摇过，但最后还是坚持下来了，重要的是要有信心和恒心。"

　　回到家后，莫泊桑继续埋头耕耘，勤作不辍，终于发表了自己的处女作《羊脂球》。此后，莫泊桑一发不可收，在他的文学之路上坚定地走下去。他一生共写了三百多篇短篇小说，6部长篇小说，3部游记以及许多关于文学和时政的评论文章。

　　坚毅的恒心是一个成功人士成长的重要条件，如果没有坚持到底的信念，也就没有了前进的动力，只有认准了目标，不达目的决不罢休的人们，才能超越一切阻碍，最终达成自己的目的。所以，伟人们到达高峰不是靠突飞而来，而是由于他们在同伴们酣睡的时候继续不辞辛苦地坚持攀登所致。科学上也没有平坦的大道，探求真理的旅途中有无数的礁石、险滩，只有不畏艰险，持之以恒地勇于攀登的人，才能最终登上高峰。

　　古往今来，绝大多数的成功人士都是有始有终的坚持者。当他们制定了某个目标或接下了某个项目之后，他们会贯彻始终，绝不放弃，直到完成为止。

世上无难事，只怕有心人。这个"有心"，就是有恒心，有了恒心，再困难的境遇也能被战胜克服；没有恒心，最容易的事也会成为最难的事。富兰克林告诉我们，世界上没有任何东西能够代替恒心：才干不能，有才干的失败者多如过江之鲫；天才不能，所谓"天才无报偿"；教育不能，被遗弃的教养之士到处都有。如果一个人没有恒心和毅力，那么可以断定，他在任何一个行业的成就都不会太过突出。

约翰·费雪是一名哈佛大学计算机系一年级的学生，他在YouTube上晒了自己一天的生活和创作，被大量网民围观，网民们都感叹道，全能学霸之所以能够如此全能和优秀，绝非偶然。

他记录了自己一天的生活，包括吃饭、睡觉、上课、写作业、创作等一系列事情。他还会规划整理自己的时间计划，并且严格按照计划逐一实施。

首先，通过视频我们可以了解他的"时间计划表"。

Schedule 计划：

7:00 Wake up/Breakfast 起床吃早饭

8:00 Do some HW 做瑞典语作业

9:00 Swedish 瑞典语课

10:00 Math 数学课

11:30 Lunch 午饭

13:00 CCSI Guest Lecture 计算机课

15:00 Workout 健身房

18:30 Dinner 晚饭

19:00 Work 继续学习

22:00 Bed 睡觉

除了需要严格按照计划学习生活之外，约翰还制定了明确的当天需要完成的目标，例如健身，至少阅读 50 页书，包括拍摄和剪辑这样一个在 YouTube 上播放的小视频。在学习间歇需要休息的时候，约翰居然拿出了线性代数习题来做，表示这是他获得放松的方式之一，顿时令围观群众又是一阵赞叹。

这样做一天或许不难，难的是每天都这样去做，严格按照计划表去执行，并且从不懈怠。

关于哈佛的学习量，有同学分享了学习一门主课所需要花费的时间。

一般在开学前，教授会发邮件给每一个学生，列出了整个学期的阅读书目，通常是几十本学术书籍，学生们自行买来阅读，每周课上会讨论其中的一两本书。

一周上三次课，一次三小时，每次课后教授都会在校内网上传当天的阅读材料，都是些排版密密麻麻的内容枯燥艰深的学术文章，而这样的材料经常需要正反面打印上百张 A4 纸，偶尔发现只有六七十张的时候，学生们就会感觉算是很轻松了。

除此之外，定期要写学习论文，还不包括学期末的论文。

这只是学生们面对的一门主课而已，学生们可不止学习这点内容。因此在美国的很多名校，睡眠都是一种奢侈品。有一项关于美国知名大学的睡眠平均时间的调研数据，可供参考一下：

哥伦比亚大学(Columbia University)

平均睡眠：6.68 小时

平均就寝时间：1:26 am

平均起床时间：8:49 am

圣母大学(Notre Dame)

平均睡眠：6.69 小时

平均就寝时间：1:09 am

平均起床时间：8:28 am

宾夕法尼亚大学(UPenn)

平均睡眠：6.72 小时

平均就寝时间：1:22 am

平均起床时间：8:43 am

加州大学戴维斯分校(UC Davis)

平均睡眠：6.75 小时

平均就寝时间：12:42 am

平均起床时间：8:08 am

卡耐基梅隆大学(CMU)

平均睡眠：6.78 小时

平均就寝时间：1:13 am

平均起床时间：8:36 am

加州大学伯克利分校(UC Berkeley)

平均睡眠：6.8 小时

平均就寝时间：1:01 am

平均起床时间：8:24 am

休斯敦大学(University of Houston)

平均睡眠：6.81 小时

平均就寝时间：0:45 am

平均起床时间：8:17 am

康奈尔大学(Cornell University)

平均睡眠：6.81 小时

平均就寝时间：1:12 am

平均起床时间：8:38 am

麻省理工学院（MIT）

平均睡眠：6.84 小时

平均就寝时间：1:08 am

平均起床时间：8:37 am

纽约大学（New York University）

平均睡眠：6.85 小时

平均就寝时间：0:53 am

平均起床时间：8:25 am

从这样的作息时间表中可以看到，自我管理和持久的恒心是多么的可贵和重要，成功实在不是一件简单的事情。

西奥多·凯勒博士说："许多人缺乏一种持之以恒的、不达目的不罢休的态度，这一点非常令人遗憾。他们不乏冲动的热情，却缺乏维持这股热情应有的毅力，因此显得脆弱。只有当一切都一帆风顺的时候，才能开展有效的工作，但一旦遇到挫折就垂头丧气、丧失信心。他们缺乏足够的独立性和创造力，总是重复着别人做过的事。"

一个人之所以成功，不是上天赐给你的，而是日积月累自我塑造的。千万不要存有什么侥幸心理，幸运和成功永远只属于辛劳的人，有恒心而不易变动的人，能坚持到底的人。冰冻三尺，往往非一日之寒。滴水穿石，绳锯木断，必定要专注于一点持之以恒不放弃，才能收获丰硕的成果。

人生如路，漫长而远。当你准备离开暖巢而向往外面的精彩世界时，你要知道，在生命的前方，存在着数不尽的高山、深谷、荆棘、泥沼。这些阻碍你前进的"劫数"有着强大的力量，时时刻刻企图征服你，恐吓你，让你打道回府。但你若拥有了恒心，一切劫难就像见了光的鬼魂一样威力骤减，不再那么可怕了。

登山的时候，人们往往会有这样的切身体验：来到山脚下，大家兴致盎然，豪情万丈，攀爬也很轻松；后来，越爬得高就越感体力不支，气喘吁吁，难以持续；再到后来，你终于看到了山顶，觉得它就在眼前，但看看旁边的路牌，才发觉离终点站还有不少路，一时半会还到不了山顶。

人生有如登山，初始时分的路总是比较顺畅；而在不断行进的过程中，各种各样的艰难险阻会陆续来到你身边，阻碍你的行程，企图使你望而却步；尤其是到了胜利在望、目标在前的时候，你极有可能会更加激动或者急躁，剩下几步路便显得愈发难走了。所谓行一百半九十，如果没有强烈的前进信念支撑着你，最终只能望洋兴叹，难以到达成功的顶峰。

哈佛大学纪念馆

成功最大的
障碍在于自己

哈佛学生都知道，只有比别人更早、更勤奋地努力，才能品尝成功的滋味。无论是成功的鲜花还是失败的哀叹，都只能自己来承受。每一个渴望更加美好生活的人都必须首先是一个能够战胜自己、把握自己的人；那些在生活面前碰得头破血流的人，大多不是因为来自外部的力量超过了他的承受能力，其真实原因往往是——他无法跨越那些摆在自己面前的障碍而超越自己。

1862年9月，美国总统林肯发表了《解放黑奴宣言》——这是美国历史上的一个伟大创举。之后，有一位记者去采访林肯。记者问道："据我所知，上两届总统都曾经想过废除黑奴制，《宣言》也早在他们那时就起草好了，可是他们都没有签署它。他们是不是想把这一伟业留给您去成就英名呢？"

林肯回答说："可能吧！不过，如果他们知道拿起笔所需要的仅是一点勇气，我想他们一定非常懊丧。"林肯说完话就匆匆地走了，以至于记者一直没有弄明白这番话的真正含义。

直到1914年也就是林肯去世50年以后，记者才在林肯留下的一封信里找到了答案。在这封信里，林肯讲述了自己幼年时的一件事：

"我的父亲曾经以较低的价格买下了西雅图的一处农场，地上有很多石头，于是母亲建议把石头搬走。但是父亲说：'如果这些石头可以搬走的话，那原来的农场主早就搬走了，他也就不会把地卖给我们

了。这些石头都是一座座小山头，与大山连着，哪里搬得完呢？'

"有一次，父亲进城买马去了，母亲带着我们在农场劳动。她说：'让我们把这些碍事的石头搬走，好吗？'于是我们就开始挖那一块块石头。只花了为时不长的时间，我们就把石头全搬光了，因为它们并不像父亲想象的那样是一座座小山头，而是一块块孤零零的石块，只要往下挖一英尺左右，便可以摇晃它们，并把它们搬出来。"

在信的末尾处，林肯作了说明："有些事人们之所以不去做，只是他们认为不可能。而许多的不可能，其实只存在于人的想象之中。"

的确，人之所以不去做或者害怕做某些事，不完全是因为他没有这个能力，也不都是受客观条件所限，而是他内心的自我想象限制了他，也可以说，打败他的真正敌人就是他自己。而正是因为不相信自己能力的人太多了，世界上才有了"困难""不可能"这些词语。

当我们准备向某一个目标出发，或者正走在向这个目标跋涉的路途上，总会有各种各样的恐惧、担忧和困难阻碍着我们的行动，而这些恐惧、担忧和困难在一个对自己充满怀疑和不自信的人那里很容易会被无限地夸大，致使他的行动不再受实际情况所支配，而是被想象中的不利环境所左右。所以说，一个人，最大的敌人就是他自己。

有一天半夜，吉姆从梦中醒来，迷迷糊糊地出了门。在楼道的拐角处，他碰到一个人：阴郁的面孔，蓬乱的头发，带着一丝惊疑不定的神色。

于是吉姆站住了。就在同时，那人也停住了脚步。吉姆向左走了一步，想让开那人，没想到那人也向左走去。于是吉姆向右，那人也向右……

他们这样互相让了几回，结果谁也没有让开谁——这情形吉姆在行路时常常遇到，但从来没有像今天晚上这样无止无休。吉姆想坐下

来,可同时他看到那人也露出了同样的企图。

于是,吉姆转身而去……

第二天,当吉姆醒来的时候,他忽然想起了昨夜的遭遇。他跳起来,并且冲向楼道,却发现在楼道的拐角处,静静地立着一面镜子。

吉姆恍然大悟,原来昨夜拦住他去路的,正是他自己。

正像故事中所言,很多时候,阻碍我们成功的罪魁祸首不是别人、他物,而是我们自己。如果你无法看清楚这个事实,便没有战胜自己的强大力量。

从哲学的角度来说,外因是事物变化的条件,内因是事物变化的根本,外因通过内因而起作用。因此我们说:造成困难和失败的原因可能有很多,但根本原因却在于每个人自身。相同的条件也可以产生完全不同的结果:

当你认识到最大的敌人就是你自己时,其实你已经迈出了成功的第一步。这样,即使你身处不利的外因条件,你也不会因此而轻言放弃,因为你已知道这些外部条件并不是你走向成功的最大敌人。或许,这不利的外因还能成为激发内因的催化剂,让你更加勇敢地挑战自我,征服困难,并在此过程中增强生存和适应的能力,积累经验和增强信心。

美国前总统奥巴马在美国的学校开学日做过的演讲中,强调了学习的重要性,还谈到了走向成功的障碍不是环境,而是自己。以下节选了部分演讲的内容。

我知道你们中的许多人在生活中面临着各种各样的问题,很难把精力集中在专心读书之上。

我知道你们的感受。我父亲在我两岁时就离开了家庭,是母亲一人将我们抚养长大。有时她付不起账单,有时我们得不到其他孩子们都有的东西，有时我会想，假如父亲在该多好，有时我会感到孤独无助，与周围的环境格格不入。

因此我并不总是能专心学习，我做过许多自己觉得丢脸的事情，也惹出过许多不该惹的麻烦，我的生活岌岌可危，随时可能急转直下。

但我很幸运。我在许多事上都得到了重来的机会，并且明白了：归根结底，你的生活状况——你的长相、出身、经济条件、家庭氛围，都不是忽视学业和态度恶劣的借口，你的未来，并不取决于你现在的生活有多好或多坏。

没有人为你编排好你的命运，你的命运由你自己书写，你的未来由你自己掌握。在这片土地上的每个地方，千千万万和你一样的年轻人正是这样在书写着自己的命运。

来自得克萨斯州罗马市的贾斯敏刚进学校时，根本不会说英语，她住的地方几乎没人上过大学，她的父母也没有受过高等教育，但她努力学习，取得了优异的成绩，靠奖学金进入了布朗大学，现在正在攻读公共卫生专业的博士学位。

来自加利福尼亚州洛斯拉图斯市的安多尼，他从三岁起就开始与脑癌病魔做斗争，熬过了一次又一次的治疗与手术，其中甚至有一次影响了他的记忆，因此他得花出比常人多几百个小时的时间来完成学业，但他从不曾落下自己的功课。这个秋天，他要开始在大学读书了。

来自我的家乡伊利诺斯州芝加哥市的孤儿香特尔，她换过多次收养家庭，从小在治安很差的地区长大，但她努力争取到了在当地保健站工作的机会，发起了一个让青少年远离犯罪团伙的项目，最近她也将以优异的成绩从中学毕业，去大学深造。

贾斯敏、安多尼和香特尔与你们并没有什么不同。和你们一样，他们也在生活中遭遇各种各样的困难与问题，但他们拒绝放弃，他们选择为自己的教育担负起责任，给自己定下奋斗的目标。我希望你们中的每一个人，都能做得到这些。

因此，在今天，我号召你们每一个人都为自己的教育定下一个目标，并在之后，尽自己的一切努力去实现它。

你的目标可以很简单，像是完成作业、认真听讲或每天阅读。不管你决定做什么，我都希望你能坚持到底，希望你能真的能下定决心。

你不可能对要读的每门课程都兴趣盎然，你不可能和每名带课教师都相处顺利，你也不可能每次都遇上看起来和现实生活有关的作业。而且，并不是每件事，你都能在头一次尝试时获得成功。

但那没有关系。因为在这个世界上，最最成功的人们往往也经历过最多的失败。J. K. 罗琳的第一本《哈利·波特》被出版商拒绝了十二次才最终出版；迈克尔·乔丹上高中时被学校的篮球队淘汰了下来。在他之后的多年职业生涯里，他输了几百场比赛，投失过几千次投篮，知道他是怎么说的吗？他说："我一生不停地失败、失败再失败，这就是我现在成功的原因。"

他们的成功，源于他们明白，人不能让失败左右自己，而是要从中吸取经验。从失败中，你可以明白下一次自己可以做出怎样的改变。没有哪一个人一生出来就擅长做什么事情，只有努力才能培养出技能。

摆在我们面前的外界条件通常都不能为我们自己所选择，但我们却可以通过认识自己、改变自己从而主动抓住自己的命运，向成功的大门不断迈进，不懈努力。

有人问登山专家："如果我们在半山腰，突然遇到大雨，应该怎么办？"

登山专家说："应该向山顶走。往山顶走，固然风雨可能会更大，它却不足以威胁你的生命。至于向山下跑，看来风雨小些，似乎比较安全，但却可能遇到暴发的山洪而被淹死。对于风雨，逃避它，你只有被卷入洪流；迎向它，你却能获得生存！"

　　面对困境，很多人选择逃离和躲避风险，企图求得片刻的安稳，但生活的经验告诉我们，妄想处于一个没有风险的世界，根本就是奇谈。

　　其实有时候，风险和平静本是一回事，平静中可能随处潜藏着危机，而风险中的平静才是"任风雨飘摇，我自岿然不动"的真平静。冒险越多，风险越大，成功的机会也越大。英国诗人拜伦告诉我们："逆境是到达真理的第一条道路。"乐于迎战风险的人，往往更能够在险境中抓住生命的稻草，险中求胜，保留成功的希望。

哈佛毕业的美国第 26 任总统
西奥多·罗斯福

在失败中寻找
成功的契机

美国脱口秀天后、国际知名慈善家奥普拉·温弗瑞 2013 年获得哈佛大学颁发的荣誉法学博士学位，并在毕业典礼上发表演说。她在演讲中告诉毕业生："人生没有失败这档事，所谓失败只是让人生转个弯。有时难免会挣扎，难免会陷入困境中，不过你想创造的人生故事会带着你走出去。"

以下是她部分的演讲内容。

当我今天站在这里，为你们和我自己流下眼泪的时候，我觉得今天是我漫长并被祝福的人生旅途中的一个里程碑。我希望今天的我能为你们带来一些启发，特别是给那些曾在人生中感到自卑或觉得自己没有优势，甚至觉得自己的生活一团糟的人一些启发。

大家都知道，我的电视事业生涯开始得有些出乎意料。当我意外获得了这样的机会后，就下定决心要成功。我以前对比赛很紧张，后来我和自己竞争，每年设立一个更高的目标，一步一步地推到极限。最终，我们的团队成功达到巅峰，并在那里待了 25 年。

"奥普拉秀"在同一时间段的电视节目中连续 21 年排名第一，我必须说对这个成就我非常地满足。

但是几年前，我觉得，在人生的某一时刻，你必须重新来过，找到新的领域，实现新的突破。所以我离开了"奥普拉秀"，以我的名字命名推出了我自己的电视网络"奥普拉·温弗瑞电视网"，缩写正好是

"OWN（自己的）"。

在奥普拉·温弗瑞电视网推出一年后，几乎所有的媒体都认为我的新项目是失败的。不仅仅是失败，他们称之为一个大写的失败。

我还记得有一天我打开《今日美国报》时看到头条新闻说"奥普拉搞不定'自己的'电视网"。有那么一段时间，我压力超大近乎崩溃，坦白说，我感到羞愧。

就在那个时候，福斯特校长打电话邀请我到哈佛做毕业演讲。我心想："你让我给哈佛的毕业生演讲？我能跟这些世界上最成功的毕业生说什么？毕竟我已经不再成功。"

我挂了福斯特校长的电话后去洗了个澡。在洗澡的时候我突然想到某首古老赞美诗中的一句话，你可能没听过："终于，清晨来临……"

之后我就想，我的黎明也许要来了。因为那时我觉得我被困在一个洞里了。我又想到那首古老赞美诗中的一句话："困难只是暂时的，都会过去……"

当我走出浴室时，我想：我遇到的麻烦同样会有结束的一天，我会将这一页翻过去，我会好起来的，等我做到了，我就去哈佛，把这个真实的故事告诉大家！今天我来了，并且想告诉你们我已经把"奥普拉·温弗瑞电视网"带上正轨了。

这一切都是因为我想在来哈佛之前把事情做好，所以非常感谢你们！这就是我想分享的。无论你已经达到怎样的成就，在某个节点，你会发现你会跌倒，因为如果你一直不断地在做一件事，那就等于在给自己不断设定更高的目标。

如果你一直不断把你自己推向更高的目标，你将在某一点上落下，当你真的跌倒时我想让你知道，并请记住："人生没有失败这档事，所谓失败只是让人生转个弯。有时难免会挣扎，难免会陷入困境中，不过你想创造的人生故事会带着你走出去。"

在过去的一年里,这些话支撑着我自己。当你到了人生谷底,到那时候,你可以难过一段时间,给自己时间去惋惜你认为你可能失去的一切,但关键在于:从每个失败和遭遇中学习,特别是你的每个错误,都会迫使你成为真正的自己,然后想想接下来怎么做。

……

你可能会失足跌倒,我们之中谁也难以幸免。对你的未来之路你会彷徨、会忧虑、会无所适从,但是我知道:只要你肯听听你内心深处的声音,那是你体内隐藏的GPS定位系统,这些能让你回归你人生的本真,你可能会因此活得更加夺目。你一定会快乐,一定会成功。你一定可以让世界因你而不同。

每个人或许当下所处的位置不同,起点不同,但面对失败的可能性是相同的,因为人们总是可以设定更高的目标去追求。假如你放弃追求而选择低头,那么成功的机会就随着你的放弃从此远去;相反地,如果你能在困境中振作精神,从中寻找到成功的萌芽和契机,那结果便是另外一番光景了。

藏在失败背后的也许是最好的机会,只有把握住这个机会,才有可能更快地成就自己的未来。由此看来,失败,何尝不是迈向成功的起跑线呢?

许多人经历一次失败就被打倒了,所以在成功面前就停住了自己前进的脚步。但如果在连续多次跌倒之后,一个人还能重新爬起继续前行,还能充满斗志不言放弃,那他一定能成为一位杰出的人物。

就是因为他们的执著和不服输、不放弃,才造就了人类今天的文明和进步,才造就了如此的成就和财富。

有个小男孩,在父母关爱的眼光下跌跌撞撞地学步。

小男孩兴奋地跑着,没有注意到前方一块小石头,于是被绊倒,跌坐在地上哭了起来。母亲连忙跑了过去，却没有急于把他扶起来。

"孩子，不要哭。"母亲微笑着说，"要是你跌倒在地上，你就想办法抓一把沙子。"

男孩似懂非懂地看着母亲，牢牢地把这句话记在心里。

多年后，等男孩长大了，他渐渐明白了母亲话语中的含义：你之所以被小石头绊倒，那是因为你没有发现它，所以在跌倒后你应该捡起它，这样，至少你不会在同一个地方被同一块石头绊倒两次。而跌倒在地上后，要想办法抓一把沙子，那是因为即使你已经跌倒在地，也还是有发现机会的可能，那些沙砾或许就代表着最小的机会，只要你积极地把握住它们，或许就是在为自己累积成功。

此后，男孩牢牢记着母亲的教导，经常睁开眼睛细心地看世界。因为他知道，即使跌倒了，还是可以在跌倒的地方找到代表着机会和成功的沙砾；即便在生活中遭遇到了失败，仍要做到在每次失败中要有所得。

每一次的失败都隐藏着一次重生的机会，每一次的失败也都孕育着一颗成功的果实，如果你能够预见得到、看得到这颗还未长成的果实，那么多几次失败也不见得是一件坏事。失败不可怕，只要你像故事中的小男孩一样，在失败的地方抓住希望的沙砾，那么对于你来说，一次失败就是一次成功的萌芽。

曾听过这样一段经典对白：

"您是如何成功的？"

"四个字，正确决策。"

"那么您是如何取得正确决策的？"

"两个字，经验。"

"您的经验来自哪里？"

"四个字，错误决策。"

的确，哪个成功人士的背后没有失败，哪条成功道路上不爬满荆棘，失败是获取成功必然要付出的代价，而经验也必然依靠失败的累积。无数成功的例子告诉我们：人生在面临艰难困苦时，失望带不来勇气，也带不来成功，只有心无旁骛，集中精神，在困境和失败中不灰心丧气，努力寻找成功的萌芽，才能听到从天而降的福音。

英国物理学家威廉·汤姆逊领导建造了世界上第一条大西洋海底电缆，不幸的是，只过了一个半月便遭遇到了失败。他认真地总结了失败的经验教训，积极地改进方案，在经过 7 年准备之后又铺设了第二条电缆，但航船载放到中途时，电缆突然折断。电缆公司已为此耗资数十万英镑，付出了 9 年时间的代价，两次重大的失败使之心灰意冷，决定放弃这项工程。但汤姆逊最终还是说服了总经理再尝试一次，并且终于获得了成功。汤姆逊在其晚年说道："有两个字最能代表我 50 年内在科学进步上的奋斗，那就是'失败'。"

在贝尔之前，已经有许多人声称他们发明了电话，雷斯是最接近成功的人，但雷斯不知道怎样把间歇电流转换为等幅电流。然而，贝尔却在这个障碍物之前努力钻研，终于成功地取得了电话发明权。

在莱特兄弟之前，许多发明家已经非常接近于飞机的发明了。而莱特兄弟应用了和别人同样的原理，只是给翼边加了可动的机翼，使得飞行员能够控制机翼，保持飞机平衡。所以在别人失败的地方，他们找到了突破口继续走下去，很快就获得了成功。

正是因为在一次次失败的经历中积极地寻找成功的萌芽，威廉·汤姆逊最终成功地建成了大西洋海底电缆。也正是因为在别人的失败之处积极地找寻他人走不过去的原因，勇于开动脑筋来解决横亘在众人面前的难题，贝尔终于发明了电话，而莱特兄弟成为航天史上的始祖。

所以说，错误和失败是迈向成功的阶梯，任何成功都包含着失败的因素，而每一次失败都是通向成功不可不跨越的台阶。

造物常弄人。成败除了个人因素之外，还有许多外界因素的影响作用。当遇上如上述事例中的情形之后，你会怎么办呢？是一味地抱怨上天给予自己的不公，从而将它作为自己跌倒的借口不再爬起，还是像那些成功者一样，纵然是命运使你跌倒，你依然可以依靠自己的力量重新站起来呢？

美国前总统奥巴马在哥伦比亚大学巴纳德学院毕业典礼上讲过，社会环境经常会制造失败的氛围，但你依然可以在这种范围中去寻找成功的契机。

或许在你们刚开始熟悉这所校园的时候，经济危机降临，不等你们第一学年结束，危机已经导致 500 多万人失业。你们大概会看到一些父母推迟了退休计划，一些朋友在苦苦求职。面对未来，你们也许像当年我这一代坐在你们座位上的时候一样，感到忧心忡忡。

所以，毫不奇怪，当好消息不如坏消息引人注意的时候，人们每天接到一连串耸人听闻的消息，其中传递的信息是：变革是不可能的，你们的努力无济于事，你们无法消除现实生活与你们的理想生活之间的差距。

我今天的任务就是要告诉你们：不要相信这些说法。因为尽管困难很大，但我坚信你们的能力更大。

我看到过你们的激情，我看到过你们的奉献，我看到过你们的投入，我看到过你们挺身而出，并且人数空前。

我听到了你们的声音，我看到了心情迫切、跃跃欲试的一代人准备跻身历史激流中，扭转其方向。

这种蔑视困难、积极进取的精神贯穿于整个美国历史的进程。这种精神是我们一切进步的源泉。此时此刻，我们需要你们这一代继承和发扬光大的正是这种精神。

我们知道，外界因素往往不为人所能掌控，但却并不影响每个人把握自己的主动性和能力。你不可避免地跌倒了，跌倒之后的你虽然有可能沾染到满身污泥，甚至划破手掌，流血不止，但你同样可以在跌倒之后，马上进行自我包扎，止住流血，继续向前。与之相反的，如果一个人在发生上述情况之后，只知道坐在地上哇哇大哭，自怜自艾，任伤口流血发炎，那么这责任又怎能完全归咎于外在的不利条件或不良环境呢？

成就大事业者都有一份"永不放弃"的决心，坚持到底是他们共同的品质。

或许你也曾听到过这样一则故事，说的是有一位将领在前线领兵作战，但总是吃败仗。当他不得不向上司呈交战绩报告书的时候，为了据实以报，只得写下一句"屡战屡败"，心中感到非常难过及担忧。心想，此报告书呈上之后，自己极有可能会受到严厉的惩罚或是降职，或是丢官，或是更严重的处治。

正当他为此烦恼时，他的一位聪明的军师看到了这份报告。他对将领说："让我为您做点小小的修改吧。"于是他拿起笔来重抄了一遍，只是将其中的"屡战屡败"改为"屡败屡战"，其余一字未改。

结果，报告呈上后不久，这位将领即接到消息，上头不但不处罚他，反因其顽强的斗志而给予嘉奖。

其实，"屡战屡败"是天意，"屡败屡战"是个性。我们知道，导致战败的原因可能并不是单一的，有些外在因素并不能完全为当事者所左右；但"屡败屡战"却不一样，它所呈现给人的是一个人不屈不挠的斗志和坚忍不拔的性格。一个人屡战屡败并不表示他就是一个失败者，只要他能再次站起，屡败屡战，胜败输赢就不能就此被定论。只要战斗还在进行，只要一个人的斗志还在，他就不算是一个失败者。

1855年8月的美国，酷热难当，时世艰难，工作很不容易找，贫苦农村出生的小伙子洛克菲勒却立志要找到一份工作。

他踌躇满志地翻开全城的工商企业名录，仔细寻找知名度高的公司。他去求职的公司大多设在一个名叫弗莱茨的繁华区里，凯霍加河蜿蜒穿过这一带然后注入伊利湖，河两岸布满了机器轰鸣的锯木厂、铸造厂、仓库和码头，湖边则停靠着星罗棋布的汽船和双桅帆船。他的求职方式带有一种初生牛犊的狂妄：每到一处，他总是先提出要见级别最高的人，虽然这些人往往不在——然后直截了当地对一个助手说："我懂会计，我要找个活干。"

自然，所有的公司都毫不客气地回绝了这个没有任何背景的毛头小伙。而他不顾一再被人拒之门外，继续不停地找下去。

每天早上8点，他离开住处，身穿黑色衣裤、高高的硬领和黑领带，开始新一轮的预约面试。这场不屈不挠的跋涉日复一日地进行着——每星期6天，一连坚持了6个星期。路面又热又硬，走得他双脚发痛，总算在一个下午有了结果——他得到了他的第一份工作。

年方16的洛克菲勒就是以这种屡败屡战、锲而不舍的精神开始了创业的前奏！面对一次次的碰壁，要做到屡败屡战并不容易。如果没有强有力的信念支撑，没有一股不撞南墙不回头的坚韧毅力，洛克菲勒就不可能任失败一次次侵袭而岿然不动，坚持下去直到成功。

如果你为自己的目标理想踏出了行动的第一步，你就要在心中明了：在这条路上，我可能会遇到无数的荆棘和险峰沟壑，我会一次次地跌倒，如果我过不了自己这一关，无法在跌倒之后再重新爬起来继续作战，或许我就再也站不起来了。而如果我能平静地对待每一次的跌倒，积蓄力量重新再来，那么，每一次的失败就都是在为我最后的成功铺上踏脚的瓦片。

在许多时候，我们遭遇失败就是因为我们缺少了那一点点坚持，一点点执著，一点点不屈不挠的毅力。分明成功的曙光就在眼前，但

是我们却没有信心和毅力再坚持下去,结果从前所遭受的艰难困苦也都白费。

所以,永不言败,对于那些准备从芸芸众生中脱颖而出的人来说是十分重要的品质。放眼世界,那些令我们遗憾和不快的失败多半就是因为没有坚持,当事人缺乏一种永不言败的精神,遇到了困难、遭受了挫折就放弃。

毫无疑问,一个想要拥有最终成功的人,倘若没有这股不服输、永不放弃的执著精神,在遇到困难的时候犹豫不决,不能使困难臣服于自己的决心和毅力,不能冲破一切阻挠,那么,他只能获得部分的成功,并从此停滞不前或者就因此什么成就都没有了。或许这个人很有天赋,或许他很聪明也很刻苦,但是如果没有那种不放弃不服输的精神,只是任由自己的目标或是理想自生自灭,不断重复开始却永远没有尾声,那终究他只能是个失败者。

你能坚持到底吗?

你是不是三心二意?

当别人被允许走时,你是否还在工作?

当别人放弃时,你是否还在坚持努力以期穿越重重困难?

当别人惧怕时,你是不是最勇敢?

当别人开始软弱退缩时,你是否依然坚持不屈?

如果一个年轻人对所有这些问题都能很确定地回答"是",那么,就算在无路可走时,他也能闯出一条路;就算他会遇到挫折,也终将获得成功。正如同巴尔扎克所说过的那样:人类所有的力量,只是耐心和时间的混合。所谓强者是既有意志,又能等待时机的人。

第七章　保持不败需要不断创新

一个人是否具备创造力，是一流人才和三流人才的分水岭。

——哈佛大学第 24 任校长普西

打破墨守成规的枷锁

哈佛大学第 24 任校长普西曾经这样总结过：是否具备创造力，是一流人才和三流人才的分水岭。哈佛鼓励学生打破墨守成规的枷锁，勇敢创新。

米歇尔·奥巴马提到自己作为美国第一夫人的 8 年白宫生活时，提到了不少她设想并予以实施的有创意的活动。

例如她开垦了白宫菜园，在白宫花园里号召孩子们种菜，让这里成为他们的户外教学课堂，然后把每次收获的瓜果蔬菜拿出一部分，捐给白宫附近的慈善机构、流动厨房，分享给那些无家可归的人。她还发起了一场活动叫"让我们行动起来"，去力争解决儿童肥胖症蔓延的问题。尽管这些全新的活动，一开始会令她面对方方面面的挑战，但她还是克服了困难，并取得了丰硕的成果。

全美国三大校园午餐提供商宣布，减少午餐当中的糖分、盐分和脂肪含量。她们还推动了儿童营养法案的规定：限制学校的自动售货机向孩子们贩卖垃圾食品，同时资助学校修建菜园，让全美 4 500 万的孩子每天可以吃到更健康的早饭和午饭。

米歇尔在书中写道："所有这些成果，都需要艰辛的努力和精心的组织才能实现。但我非常清楚，这才是我喜欢的工作。我站在一个广阔的平台上，我也终于找到了能充分展示自己的方式。"

在日常生活中，许多人习惯了用一种常规的思路或者方法去做事情，久而久之便形成了思维定式，使得创新容易受到阻力。很多人一旦受到阻碍，就不再敢打破墨守成规的枷锁。然而当人们真正需要走

出困境的时候,需要的就又恰恰是打破思维定式的能力,不敢于创新和打破常规的人,就无法解决难题。如此就变成了恶性循环。

当你面对困难,无法运用常规的办法或思路来解决问题,你是否想过,其实还有另外一条道路也可以通向答案呢?

一位教授正在准备讲课的稿子,他的小儿子却在一旁吵闹不休。

教授无可奈何,他随手拾起一本旧杂志,把色彩鲜艳的插图——一幅世界地图,撕成碎片,丢在地上,说道:"约翰,如果你能拼好这张地图,我就给你2角5分钱。"

教授以为这会使约翰花费整整一个上午的时间,这样自己就可以静下心来思考问题了。

但是,没过10分钟,儿子就敲开了他的房门,手中拿着那份拼得完完整整的地图。教授对约翰如此之快地拼好一幅世界地图感到十分惊奇,他问道:"孩子,你怎么这样快就拼好了地图?"

"啊,"小约翰说,"这很容易。在地图的反面有一个人的照片,我就把这个人的照片拼在一起,然后把它翻过来。我想如果这个人拼正确了,那么这个世界也就拼正确了。"

故事中的教授就是被常规的思维方式所蒙蔽,从未想过看看那张地图的反面,也从未想过还可以这样拼图。但是在听了儿子的话之后,教授大受启发,甚至把它作为一堂课教授给了他的学生。

从众并不能带给你成功,独辟蹊径才能创造出伟大的业绩。许多时候,出路就在你的身边,而你却总是被固定的思想蒙住了眼睛。试着用另一种眼光看这个世界,看看世界的"反面",你的世界会豁然开朗。正如一句名言所说的那样:独辟蹊径才能创造出伟大的业绩,在街道上挤来挤去不会有所作为。

19世纪中叶，美国加利福尼亚州传来发现金矿的消息。许多人认为这是一个千载难逢的发财机会，于是纷纷奔赴加州。17岁的小农夫亚默尔也加入了这支庞大的淘金队伍，他同大家一样，历尽千辛万苦，赶到了加州。

越来越多的人蜂拥而至，一时间加州遍地都是淘金者，而金子自然越来越难淘。不但金子难淘，而且生活也越来越艰苦。当地气候干燥，水源奇缺，许多不幸的淘金者不但没有圆致富梦，反而葬身此地。

小亚默尔经过一段时间的努力，和大多数人一样，没有发现黄金，反而被饥渴折磨得半死。一天，望着水袋中舍不得喝的一点点水，听着周围人对缺水的抱怨，亚默尔忽发奇想：淘金的希望太渺茫了，还不如卖水呢。

于是亚默尔毅然放弃对金矿的努力，将手中挖金矿的工具变成挖水渠的工具，从远方将河水引入水池，用细纱过滤，成为清凉可口的饮用水。然后将水装进桶里，挑到山谷一壶一壶地卖给找金矿的人。

当时有人嘲笑亚默尔，说他胸无大志："千辛万苦地到加州来，不挖金子发大财，却干起这种蝇头小利的小买卖，这种生意哪儿不能干，何必跑到这儿来？"

亚默尔毫不在意，不为所动，继续卖他的水。哪里有这样好的买卖，把几乎无成本的水卖出去，哪里有这样好的市场？

结果，淘金者都空手而归，而亚默尔却在很短的时间里靠卖水赚到了几千美元，这在当时是一笔非常可观的财富了。

黄金珍贵，因为黄金稀有，也正因为稀有，蜂拥而至的淘金者注定难圆发财暴富的美梦，只能空手而归。饮用水平凡，平凡到遍布河山，但亚默尔开动脑筋，不怕非议，独辟蹊径，抓住了大好机遇，净赚几千美元。

有人曾对全世界的企业做过一项调查，发现从100年前到今天，

能够生存下来并成为世界公认的名牌企业,其经营取胜的秘诀不是企业拥有最低价格的产品,而是企业领导者拥有的在产品和服务方面永不枯竭的创新意识。美国著名经济学家迈克尔·波特曾说:"创新是现代企业家的灵魂。没有创新,一个企业家就失去了长远发展的动力源泉。"

比尔·盖茨能带领他的微软公司走向辉煌,其中重要的原因就是他勇于向未来进军,不断创新,连续创新,是他的创新能力帮助他获得今日的成功。

比尔·盖茨多次表示:"微软讲究的是开拓创新能力。空有经验而没有创新能力、墨守成规的工作方式,这不是微软提倡和需要的。"早在微软与 IBM 的合作之时,盖茨这个 PC 产业的"先知"就意识到,如果将计算机操作系统和软件同硬件分离,各种类型的厂商和产品也将随之出现。当时,这毫无疑问是一个具有革命性意义的想法,因为它意味着计算机技术的研发不再局限于少数工程师。甚至盖茨本人也表示:"这是一个相当了不起的想法,不仅为硬件提供了发展机会,也给软件领域带来了创新的可能。"

比尔·盖茨的成功源自他的创新,如果没有当初对计算机行业的深入了解和远见,没有勇于开辟新的领域的勇气,那比尔·盖茨就不会是今日的成功者了。

比尔·盖茨认为:在创新的路上,只有两种人,一种是领先别人的人,另一种是被别人领先的人。领先别人的人永远让别人跟着他走,被别人领先的人永远跟着别人走。

柯特大饭店是美国加州圣地亚哥市的一家老牌饭店。由于原先配套设计的电梯过于狭小老旧,已无法适应越来越多的客流,于是,饭店老板准备改建一个新式的电梯。他重金请来全国一流的建筑师和工程师,请他们一起商讨,该如何进行改建。

建筑师和工程师的经验都很丰富,他们讨论的结论是：饭店必须新换一台大电梯。为了安装好新电梯,饭店必须停止营业半年时间。

"除了关闭饭店半年就没有别的办法了吗?"老板的眉头皱得很紧,"要知道,这样会造成很大的经济损失……"

"必须得这样,不可能有别的方案。"建筑师和工程师们坚持说。

就在这时候,饭店里的清洁工刚好在附近拖地,听到了他们的谈话,他马上直起腰,停止了工作。他望望忧心忡忡、神色犹豫的老板和两位一脸自信的专家,突然开口说："如果换上我,你们知道我会怎么来装这个电梯吗?"

工程师瞟了他一眼,不屑地说："你能怎么做?"

"我会直接在屋子外面装上电梯。"

工程师和建筑师听了,顿时诧异得说不出话来。

很快,这家饭店就在室外装设了一部新电梯。在建筑史上,这是第一次把电梯安装在室外。

不要因为别人都这样做,我就要这样做;也不要因为过去是这样做,现在就得这样做。传统的思维禁锢了我们的创新思维,拖累了发展的脚步。

法国科学家法伯做过一个有名的"毛毛虫实验"。法伯在一只花盆的边缘上摆放了一些毛毛虫,让它们首尾相接围成一个圈,与此同时,在离花盆周围 6 英寸远的地方布撒了一些它们最喜欢吃的松针。由于这些虫子天生有一种"跟随者"的习性,因此它们一只跟着一只,绕着花盆边一圈一圈地行走。时间慢慢地过去,一分钟、一小时、一天……毛毛虫就这样固执地兜着圈子,一走到底,后来法伯把其中一条毛毛虫拿开,使原来的环上出现一个缺口,结果是在缺口处的一条毛毛虫自动地离开花盆边缘,找到了自己最喜欢的松针。

毛毛虫的实验告诉我们,在一个封闭的思维模式里,很容易形成

盲从和跟随。在市场运作中,当我们面对难以解开的局面时,只有突破定式、打破常规,以超常思维来解决新问题,才能使企业不断获得新的商机。

松下幸之助文化程度很低,只读过 4 年小学。他 9 岁做徒工,15岁到一家脚踏车店当小工。就是在这样的环境中,松下幸之助第一次看到电车,他凭好奇心直觉到电车普及后,脚踏车就会被淘汰掉,他便决定到电车行业谋职,转到大阪电灯会社当了一名电气配线工见习生,并开始琢磨革新技术。

一次,他在市场上偶尔听到几位购物的家庭主妇议论家庭用电器插头只能单用,很不方便,有多用插头就好了。松下幸之助听后灵机一动,萌生出新的想法,立即对正在采用的插座进行革新,并建议老板采用。

遭到老板拒绝后,22 岁的松下幸之助自己租了一间房子,开始制做双叉式灯泡插座,并于次年正式成立"松下电器具制用所",很快推出了"三通"电源插座新产品,结果产品大为走俏,一下子赚了大钱。这一打破常规的产品,为日后的松下电器王国的万丈高楼奠定了第一块基石。如今,松下幸之助早已建立起一个拥有 130 多家工厂,地跨 5大洲的"松下王国"。

要寻求突破,就要学习打破墨守成规的枷锁,需要做到以下几条行动纲领:当传统的思维把我们逼进死胡同的时候,尝试训练自己的逆向思维,从想要获得的结果入手,顺藤摸瓜,一步步解决阻碍达到结果的障碍,这样往往比从正面冥思苦想有用得多;找出我们真正要达到的结果,不因经验以及惯用思维方式做出无谓的假设;寻找真正的机遇,不人云亦云,当发现错误时,勇于放弃自己已经投入的;经常改变自己的工作方式和思维方式,不让自己被习惯所束缚。

创新不仅是一种策略,也是一种基本需要。许多人常抱怨自己能力不够,干不了大事,实则不然,据心理学家研究发现,人们所使用的能力只有我们所具备能力的 2%～5%,人可挖的潜力是非常巨大的,而敢于创新无疑是打开这扇大门的一把金钥匙。正如同林肯所说的那样:傲立的天才对于轻车熟路不屑一顾,他们憧憬追寻的是迄今从未开垦的土地。

迪利普·卡巴里亚是世界著名汽车设计师。他的名字在印度早已是街知巷闻,他的 DC 设计公司(DC 是其名字的缩写)目前正在为 4 家世界知名的汽车厂商进行车型设计。

卡巴里亚出身于印度声名显赫的古雅拉蒂家族,贵族背景使他得以进入汽车设计师心目中的圣地——美国加州大学设计学院学习交通工具设计。毕业之后,凭借出众的才华,他很快就进入了通用汽车公司,成为众多世界顶级的设计师队伍中的一员。但是,卡巴里亚并不满足于只为他人工作,他很快就辞去了在通用汽车的工作,返回印度独立发展。

卡巴里亚回忆说:"在通用汽车做设计师并不是我想要的工作,它有着一个庞大的设计队伍,差不多有 1 500 名设计师在一起工作,你的工作通常只是设计一个把手,永远别指望自己能够单独设计一辆车。如果继续待在那里,可能再过 20 年我也不可能取得今天这样的成就。"

回到印度后,卡布里亚开始为一些厂商设计零部件,一点点积攒经费,就这样坚持了 10 年,1993 年,年逾 40 的卡巴里亚终于在盂买成立了属于自己的公司——"DC 设计公司"。卡巴里亚事业的转折点出现在他为一位客户重新设计了一款马鲁蒂吉普赛轿车之后,他将充满想象力的构想跟原车结合在一起,造出的新车让人不敢相信它出自一位印度设计师之手。此后,他接到的订单越来越多,卡巴里亚开始在

印度声名鹊起,在此后的 10 年间,他已经为客户设计了 1 500 多种不同类型的车,这个纪录是任何一家汽车厂商都无法企及的。在印度国内获得成功之后,卡巴里亚开始在国际市场上展示他的天才设计——2002 年 3 月,他设计的"异端"跑车在日内瓦国际车展一炮而红,人们不敢相信这样一个充满了现代化元素的设计居然出自印度一个类似手工作坊的设计室。除了令人惊讶的外形之外,卡巴里亚设计所花费的极低的成本也让人不可思议,如果要在意大利造出同样的一辆车,所用的成本可能是在印度的 100 倍还要多。

崭露头角的卡巴里亚吸引了阿其顿·马丁的注意,这个老牌英国跑车制造商向他挥动了橄榄枝,邀请他为下一集的"007"系列电影设计新车。一个英国的汽车厂商邀请一位印度设计师设计新车,而且是为大名鼎鼎的"007"设计高度智能化的坐骑,这听起来像个笑话。阿斯顿·马丁公司似乎也不敢完全冒这个险,新车的设计是在其总裁乌尔里希·贝兹和首席设计师亨里克·费斯科的监督下进行的。但在日内瓦国际车展上,这款阿斯顿·马丁 DB 8 向大家证明了所有的担心是多余的。对于所取得的成就,卡巴里亚也备感荣耀,他说:"一个印度设计师为英国的汽车制造商设计汽车,难度不亚于把冰卖给爱斯基摩人。能够成为第一个为詹姆斯·邦德设计车的印度设计师,我更是觉得骄傲和自豪,我以前也没有想到自己有一天可以做出这样的成绩。"自信的卡巴里亚已经凭借他的天才和努力,由一个无名小卒变成国际知名的汽车设计大师。

如果仅仅是留在通用汽车公司,留在那个拥有无数顶级设计师的地方,那世界将永远失去一位伟大的汽车设计师。

有一位哈佛教授曾经这样说过:"如果要在今后所从事的工作中成为创新者,就必须取得思想上的独立性,以及确定某些知识所需要的价值观。想象力是创新的首要源泉。"

　　每个人都是天生的创造者，每个人都应该大胆地想象自己的未来。大胆地把想象力运用到自己的学习和工作中去吧，永远不要满足现状，未来还有更长的路要走。要勇敢地想象你未来的成就，勇敢地跳出那个可能限制你发展的地方，开创出一片属于自己的天空。

从哈佛起飞的脸书公司创始人扎克伯格

多走一步才能走得更远

　　有评论家曾经评价奥巴马和他的夫人米歇尔同为哈佛大学毕业生的不同之处。

　　米歇尔是一个更加相信标准的人，她始终努力地去达成更高的要求和标准，过程中有创新，但始终是在标准之内的，她相信标准是用来遵守的。

　　而奥巴马则是那种能够多走一步且走得更远的人：我能做到什么，我能做到多好，是我去争取，是我去定义的结果。可以说，奥巴马是相信自己胜过相信标准。标准，是用来打破的；打破以后，我就是新的标准。

　　在奥巴马打算去参加竞选时，米歇尔曾说：你一个美国黑人，你不可能赢的。奥巴马却回答：我不试试，我怎么知道呢？

　　有许多创造出巨大成功的人都是这种敢于多走一步的人。在看似没有出息、毫无发展前景的工作岗位上，也可能隐藏着很大的机会，而机会或许就在日常工作的一些细节之中。

　　著名的石油大王洛克菲勒正是通过找到了在油罐焊接中需要使用的 39 滴焊接剂中省下 1 滴的方法，从而为企业每年节省数万美元而迈出了成功的第一步。他没有受到惯例和传统的限制，而是积极动脑勤于思考，终于在"不可为"的工作中发现了"可为之处"，找到了突破的契机，觅到了新的出路。可以说，洛克菲勒的成功之路与创新意识息息相关。

　　一个多世纪以前,从事石油业的商人都把天然气当作废物,弃在一旁,但洛克菲勒却以自己与众不同的视角看出了天然气是对石油生意的补充。于是,他提议标准石油公司应该率先在这个领域里挖掘潜在的市场,发展自己的实力而不仅仅是依靠别人的力量。他十足的信心感染了他的战友和他那支干劲十足的队伍,众人同心协力,一起想办法将这种易爆的气体用安全的管道进行长距离的运输。

　　果然,两年之内,天然气从宾夕法尼亚西部被成功运到了俄亥俄州和纽约州的各个城市,成了市民日常生活中不可缺少的东西。到了19世纪90年代,洛克菲勒已经掌管了十多个地区的天然气公司。

　　此外,在19世纪60年代,石油商都知道宾夕法尼亚地区存在着大量的石油,当地的石油业很快便在世界上占据了举足轻重的地位。却没人知道其实在宾州西北部丘陵地带以外的地方,居然也藏着大量的石油。

　　欧洲是美国石油最早的市场,仅在美国南北战争期间每年就要进口数10万桶。洛克菲勒意识到,他不能只把眼光锁定在宾州西北部的丘陵地带,只有把眼光投向更远的美国海岸线之外的地方,才能拥有更大的石油产量。随后,他组织并进行了大规模的开发工作,获得了更大的产量,远销欧洲,也大大壮大了自己的石油公司。

　　洛克菲勒的搭档阿奇博尔德曾经心悦诚服地评价洛克菲勒说:"他总是比我们其他人看得远一些——因此他总是能预计到即将发生的事情。"

　　而标准石油公司的另一位高级经理爱德华·贝德福德对洛克菲勒也给予了高度的评价:"洛克菲勒先生确实是一位超人。他不但能

从宏观上预见到一种新的商业体系,并且拥有在似乎不可克服的困难面前将之付诸实践的耐心、勇气和胆略,他那种信心十足、坚持不懈地追求自己目标的劲头实在令人叹服。"

在一步步创建自己石油王国的日子里,洛克菲勒凭借他的慧眼独具和敏感的市场嗅觉,准确地把握了市场的发展方向,抓住了未来的主流行业,开拓出了石油业广阔的天地。

现代社会日行千里,各种新兴产业的诞生和发展给予了我们开拓创新和挥洒才华的广阔空间。当你在前进的道路上遇到了阻碍而无法前行时,千万不要一味地遵循既有的老路按部就班、刻板固执,还未进行新的尝试就断言"行不通"。以发展、积极的眼光看问题想事情,敢于突破常规,破除思想僵化、墨守成规的老路,时刻保持前瞻意识、敏锐的目光和缜密的头脑,看别人还未看到,想别人还未想到,如此,你才能领先别人,获得先机,更易取胜。

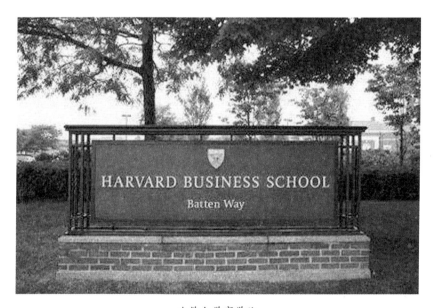

哈佛大学商学院

有一家著名的生产、销售牙膏的公司,在业界和消费者中都有不错的口碑,但是销售量在达到一个数字之后就不再上升,于是总经理对全体员工下达了一个命令,每位员工必须提出一个建议,以保证公司的销售量比现在翻一番。接到指示,各个部门都行动起来:营业部门考虑营业部门的,宣传部门研究宣传部门的,生产部门琢磨生产部门的,大家提出了各自的方案,比如推出富有创意的广告、改变外观、奖励销售人员等等。

就在大家积极行动并提出自己建议的时候,有一位女工怎么都想不出办法。就在这时,在吃晚饭的时候,她想往菜上撒调味粉,却由于受潮而撒不出来。她的儿子不自觉地将筷子捅进瓶口的窟窿里,把瓶口捅大,于是调味品立即撒了下来。在一旁的女工母亲说:"如果你实在提不出建议的话,你就把这个办法拿去试试看。"

"这算什么建议?!"女工很不以为然,但她最后还是将"把牙膏管口开大一倍"这个建议报了上去。令人吃惊的事情发生了。女工提出的建议竟然被采纳了,还获得了丰厚的奖金。

当她的建议被实施之后,销售额也的确比原先翻了一番。受宠若惊的女工想:"提建议,本以为很难,原来这样简单的想法也叫建议。"

很多商机,说穿了都是以小小的创新为基础的。比尔·盖茨这样说过:"好的创意如同原子裂变,每一盎司的创意都会带来数以万计的利润。"开拓创新意识并不神奇,也并非为少数人所独有,如果你多一分观察生活的心思,多一分积极进取的信念,多转一转脑子,自然会发觉,原来你也可以创造出很多富有价值的创意。

现代社会的日新月异,更多的创新不是体现在某个全新事物的诞生上,而在于这个事物从粗糙到精致、从笨重到方便、从不美观到美观、从功能单一到功能多元化等的不断完善之中。

创新之路,人们可以选择各种不同的突破口,借此使自己的路走

得更远。

成功学导师拿破仑·希尔认为：创新并不只是某些行业的专利，也不是超常智慧的人才具有创新的能力。你也可以创造，也可以成功。

打破常规，不按常理出牌，突破传统思维的束缚，哪怕是一个小小的创意，也会产生非凡的效果。所以别小看一个简单的建议，它的效果可能是惊人的。

创新就是这样，要求人们在平凡中发现不平凡，在司空见惯处发现不同于表面所显示的特殊信息。

在19世纪末20世纪初之际，汽车还属于奢侈品，是有钱人的配备。亨利·福特希望能生产出一种性能好、价格合理、方便使用并且容易制造的车，但是按照当时的生产方式——每辆车从原材料加工到组装整车都由一个工人来完成——是根本不可能实现的。

一个偶然的机会，一家屠宰场的"分解流水线"启发了他：流水作业中，工人们的职能单一了，每道程序都是由专业的人完成，这样，生产的速度将会大大加快。亨利·福特将流水作业的方式率先运用到汽车制造上，使得汽车的设计研发、零部件加工、组装这一整套过程实现了专业化、标准化、成本集约化，使得大批量生产统一规格的黑色"T"型车成为可能。

亨利·福特成功了！这一在他脑中酝酿了整整10年的创意构想，诞生了管理史上著名的"福特制"。"T"型车成为当时最受欢迎的汽车，它的流水线生产方式则被看作是第二次工业革命的标志，它开创了一个新的工业生产技术时代，也使福特成为一度占有68%世界汽车市场的"汽车大王"。

福特的成功，主要在于他受到了屠宰流水线的启发。或许在当时当地,这种屠宰流水线是相当普遍的,但绝大部分的人对此视而不见、置若罔闻,所以它并不为人所重视,也没有人看出这是一个可以创造亿万价值的生财线索。而福特比众人多了一双识宝的慧眼,对这个现象多了一分思考,于是,他比别人多走了一步而为自己带来了无穷的财富。

创新,只要求我们多走一步。多走一步,或许你就能够率先开创出一条全新的道路,成为某个领域的先驱者;或者在已有道路的基础上拓宽路面,使你走得更顺畅、更随心所欲。

哈佛法律学院

不断自我更新

哈佛大学第 28 任校长，也是唯一的一位女校长德鲁·福斯特，在卸任哈佛大学校长的那一年的哈佛毕业典礼演讲时说道：

希望哈佛，

不仅聪明，而且智慧，

不仅骄傲，而且求变，

不仅深思熟虑，而且勇往直前，

不仅古老，而且日日新，

不仅优，而且善。

哈佛大学是美国历史上第一所高等学府，但正如福斯特校长所说的那样：哈佛不仅古老，而且日日新。

比尔·盖茨总是这样说："微软离破产永远只有 18 个月。"

不要认为这是危言耸听，在这个快速新旧交替的时代，不创新就代表着衰败，意味着死亡。如果不摒弃旧的东西，确立新的东西，那么生活是不会发展的。

哈佛始终倡导"终身学习、不断更新"的理念。时代在发展，环境在改变，我们需要创新，更需要不断地自我更新。

说到这里，可能有人认为，过了宝贵的青年时期，就失去了读书学习的时机，到了晚年就更不可能学习什么东西了。实际上，学习的时间要靠自己把握和积累，哪怕只是利用自己一些空闲的时间，哪怕你已经人到中年，你也一样可以弥补年轻时遗憾，甚至使自己有意想不到的成就。同样，如果你接受了较好的教育，从此就不思进取，不再学

习,就靠自己早期学习的一些知识来维持,那也几乎不可能有所成就。只有不断更新自己的知识结构,才可能不断提升自己。

《昆虫记》的作家法布尔在少年时代,家境困难,中学没念完就去谋生了。他曾经沿街叫卖汽水,也在铁路上当过小工。他认识到,唯有知识能够帮助他摆脱困境,于是他忙里偷闲地自学。15岁时,他以第一名的优异成绩考上了阿维尼翁师范学校,并获得了奖学金。

毕业后,他成了一名中学教师。学校条件很差,他的薪水也很低,勉强能够糊口。但他仍然坚持学习。他没钱买书,就到图书馆借阅,他什么书都读,有数学方面的,有物理学方面的,有化学方面的,有教育学方面的,还有生物学方面的。遇到难题时,他废寝忘食。坚持不懈的业余自修使他获得了数学学士学位、物理数学学士学位、自然科学学士学位、数学硕士学位和物理学硕士学位。31岁时,他又以《关于兰科植物节结的研究》和《关于再生器官的解剖学研究及多足纲动物发育的研究》这两篇专业性极强、学术性极高的论文,获得了自然科学博士学位。

当中学老师时,他曾经很羡慕大学老师,梦想有朝一日能在大学里讲课。由于在中学里坚持自然科学研究并有突出成就,他受到了拿破仑三世的接见,接着阿维尼翁大学邀请他不定期地开讲座。只是由于他"当着女大学生的面讲植物两性繁殖",被指责为"其有颠覆性的危险",他才一怒之下离开了大学讲台。当时,法布尔在昆虫学界已经拥有相当大的影响力,达尔文在《物种起源》中已将他称为"难以效法的观察家"。

人的一生都是宝贵的,都是学习知识、受教育的时间。我们可能没有完整的时间再花费在不断的进修上,但是我们可以利用各种零碎的时间来不断更新充实自己,不断积蓄,一段时间以后也是相当可观

的了。

所以，无论你是否已经获得成功，都不要放弃知识的更新。因为唯有知识能让你的成功之路走得更快更远。

微软从来不会满足于现状，总是在不停地自我超越。微软的全球副总裁威尔说，在未来8年内微软的目标是争取10亿新用户。为此盖茨特别宣布，公司承诺帮助缩小数字鸿沟，并将公司的核心哲学概括为："全人类都有权实现他们的全部潜力。"

过去依靠为发达国家市场和高级用户开发产品的"高端创新"，正被满足不发达地区用户需求的"平民化创新"所取代。作为微软首席构架师的比尔·盖茨正在以自己的方式为微软构架未来。

目前威尔和他的团队主要负责"为不发达地区开发更实用、更方便获得、更易于承受"的相关软件。简单说就是为从来没有见过电脑的人们开发出便宜好用又不落后于时代的计算机。"这恐怕是一个漫长的征途。"威尔说，"想在新兴的市场开展业务，不能只靠现成的产品和服务，我们需要采用非传统方式进行客户和产品的测试，找出提供产品和服务的机遇。"

学习为新兴市场用户提供产品和服务不仅给微软带来了技术的创新，也带来了新的市场。这也是微软不断在中国确立长期研发投资计划的重要原因。10年前因为看好本地的人才资源而建立的亚洲研发中心如今成了微软创新的源泉。用盖茨的话说，微软亚洲研发集团的成绩"远远超出了预期"。"无论是开发技术还是培训人才，中国都是了不起的地方之一。"

比尔·盖茨宣布，微软将在北京中关村和上海紫竹科技园区投资建设研发园区。新园区建成后，能够容纳8 000人一起工作。就像微软在美国雷蒙德的研发总部一样，中国的研发机构不仅能够满足微软在中国市场的需要，还将为微软全球的创新贡献力量。"人们常常能超越自己的极限，不断有所突破。我认为我们低估了今后10年人们对于软件的梦想。人们还在思考着今后几年可能会出现的创新应用，人类智能的深邃和复杂远远超出我们的想象。今后的 10 年将是我们解决其中一些最为困难的问题的攻坚阶段。"对比尔·盖茨来说，用软件帮助人们改变生活过程中的挑战，远比实现"每人桌上有一台电脑"的梦想更加有趣。

微软能够长盛不衰原因很多，其中很重要的一点是要保持生机和活力。生机和活力是什么？就是"与时俱进"。无论一个企业有多老，有多成功，都必须不断自我超越。

一则寓言故事讲道：过去同一座山上，有两块相同的石头，三年后发生截然不同的变化，一块石头受到很多人的敬仰和膜拜，而另一块石头却受到别人的践踏。这块石头极不平衡，他对另一块石头说："老兄呀，在三年前，我们同为一座山上的石头，但是今天却产生这么大的差距，我的心里特别痛苦。"

另一块石头答道："老兄，你还记得吗？曾经在三年前，来了一个雕刻家，你不想改变自己的生活，而我那时想象未来的模样，不在乎割在身上一刀刀的痛，所以产生了今天的不同。"

时代在不断地进步，社会在不断地发展，我们和我们荣辱与共的企业已处在一个快速变化的知识经济时代。科技日新月异的发展，随着市场白热化的竞争，无论对企业还是对每位员工来说，唯一持久的竞争优势是提高自身素质，不断自我超越。

有经济学家做过统计，50 年前的世界 500 强，70％已经在现在的 500 强中消失了。因此，一个企业能够成为"剩者"，已经不容易，而这个百年的"剩者"还能做到这样长盛不衰就更难得。很多企业之所以由盛而衰，都是没能从企业过去的成功中走出来，背负了成功的包袱。时代变了，而自己没有跟着变，最终被淘汰。

有时候,满足于现状,就会失去未来。

在快速变化、竞争激烈的经营环境里,一个企业要想拥有持续的竞争优势,就必须不断自我超越。否则,就会沦入二三流的境地,甚至被市场无情地淘汰。

成功属于懂得自我更新、自我超越的人。只有不断自我更新才能标新立异,才能在竞争中脱颖而出;只有不断自我超越才能不断进步,才能不断增强自我发展的优势,才能在竞争时代永葆青春活力。想要成功,就不能满足于现状,要乐于在现有基础上不断超越自我,坚信"没有最好,只有更好"。

哈佛商学院 MBA、美国第 43 任
总统乔治·布什

第八章　人脉是最宝贵的资源

人脉比智商和情商更重要,管理人脉的能力胜过管理情绪的能力。

——哈佛心理学博士丹尼尔·格尔曼

人脉是投资回报
最高的资产

　　在哈佛大学,学生们可以自由地申请组建社团,因为各种各样兴趣所成立的社团达到800多个,一般而言学生都会至少选择其中一到两个参加。之所以鼓励组建如此之多的社团,既为了丰富学生的娱乐生活,培养兴趣爱好,更重要的是让学生建立广阔的人脉关系和社交网络。

　　每年新生入学时,这些社团就会出动共建"学生课外活动的集市",为自己的社团招兵买马,大批量社团一齐出动,堪称壮观。不同肤色的学生卖力宣传自己的社团吸引新人,让新生在第一时间就感受到这所校园激情洋溢,也更为积极地投入自己的人际网络建设之中。

　　在哈佛,累积人脉的重要性并不比累积知识的重要性来得小。每一位哈佛学生都知道,他们所加入的这所举世闻名的大学给了他们一个千金难买的社交平台。进入哈佛,就等于拥有了4万名功成名就的校友。

　　在过去,人们普遍地将个人专业知识放在第一位,甚至认为讲究"人脉"就是"讲人情、凭关系"的同义词……于是,在以往的教育中,常常重视了知识的灌输,却缺少了待人接物之类的社会生存教育,也造成"知识的巨人,人际的白痴"这类人物的产生。

　　但是,人际关系是无处不在、无时不在的,当一个人与他人有所接触时,就会产生人际关系。当孩子没有自觉的时候,就已经在经营着自己的人际关系了:和谁要好,同谁做朋友,到同学家吃饭要有哪些

礼貌……不知不觉间，我们就已经逐渐掌握了一些人际交往的技巧。

而当一个人渐渐长大，接触的人就越来越多，人际关系也越来越复杂。直到真正走上社会，我们发现原来人脉是如此重要，有关系和没关系差别是如此巨大。我们早已身处人际关系网之中，我们也早已给自己编织了一张关系网。

因此可以说，今时今日是一个知识爆炸的年代，也是一个以人为本的时代。人们充分意识到：人脉是一种资产，而且可以说，是投资回报最高的资产。

或许还是会有人对人脉资源的重要性心存疑虑，难道专业知识都是空的吗？其实不然。人脉与专业是一对相辅相成的资源，缺少了谁都不能得到最佳的效果和回报。打个比方，如果你有了专业，能做到"一分耕耘，一分收获"的话，那有了人脉资源的帮助，无疑就能达到"一分耕耘，数分收获"的结果。甚至在人们印象中，只需要埋头苦干做研究的高科技领域也是如此。

人脉网络是一种资源，它带来的不仅是个人的受欢迎、瞩目程度，更重要的是带来了财脉，即赢得财富的机会。

尽管人脉资源表面上看来，并不是直接的财富，可没有它，就很难聚敛财富。它是一种潜在的无形资产，也是一种财富。难怪有人将人脉比作黄金，甚至比黄金更珍贵，因为黄金有价而人情无价。

事实上，人脉资源越丰富，可供利用的资源也就越多，赚钱的门路也更多；同样，如果你的人脉网络层次越高，你可利用的资源就越优秀、越有效，财富也来得越快、越多。

就拿我们工作常见的商务谈判来说，即使你拥有很扎实的专业知识，而且是个彬彬有礼的君子，还具有雄辩的口才，却不一定能够成功地促成一次商谈。但如果能有一位关键人物从中周旋、协助你，即使只是为你说说好话，相信对方的态度也肯定会有所改变，你的出击也一定会有更高的成功率！

著名的"推销之神"乔·吉拉德在介绍他的经验时曾表示,一个出色的推销员应当懂得如何维护老客户,寻找新客户,并与之建立关系。只有对其中的任意一环都不疏忽,才能建立起一张庞大的关系网,使自己有更好的发展余地。

乔·吉拉德毫不讳言自己的秘诀,他认为一个出色的推销员不仅是一名好的调查员,还必须是一个优秀的新闻记者。在与准客户见面之前,对准客户一定要了如指掌,自己在见面时能够流利而不着痕迹地谈起对方的职业、子女、家庭状况,甚至是他本人的故事。当你这样同准客户交谈时,很快就能拉近彼此的距离。可以说,对于准客户来说,推销员是否将其调查得一清二楚,将直接决定彼此之间的关系是否能建立。

同样,对于老客户也不能疏于联络。开发新客户的重要性是不言而喻的,但是,与老客户保持联系,就是对原有关系的巩固和加强,这同样能为推销员带来无尽的收获。乔·吉拉德曾经算过这样一笔账:从新客户取得订单的比例是二分之一,而从老客户处获得生意的机会是四分之一,但是开发新客户的成功率却只有二十分之一。这样一算,你很容易就能发现老客户所提供的收益了。所以,乔·吉拉德为自己的老客户建立了一个完整的资料档案,在不打扰对方的前提下,定期写信或是打电话给这些公司的关键人物,提醒对方自己的存在,维护着一种长期的关系。

可以说,正是这些人脉、这些人际关系,帮助了乔·吉拉德走到了今天。没有人脉,就没有他之后的成功。

不仅仅是对一个推销员或业务员来说,其实对于任何一个人来说,个人都不可能也不应当是孤立的个体。每个人参加工作或是社交活动,收获的不只是工资、提成以及职务的升迁,更重要的是积累起来的人脉资源。它是你终身受用的无形资产和潜在财富。

约翰·洛克菲勒据说是世界上第一个 10 亿富翁,他是美国最具实力、最庞大的商业财团——标准石油公司的创始人。他曾经说过:与人相处的能力,如果能像糖和咖啡一样可以买得到的话,我会为这种能力多付一些钱。

洛克菲勒在自己的人际关系的处理上有着许多独特的见解。

首先,洛克菲勒作为一个企业的领导者,他认为自己的个人形象代表的是整个企业的形象,从领导者的素质中或多或少地可以预见到企业的发展前景。

因此,每天早上,洛克菲勒 9 点 15 分准时来公司上班。他衣着考究,黑玛瑙的衬衣袖口链扣上刻着一个漂亮的字母"R";洛克菲勒生活节俭,对衣着却非常讲究,这一点出乎很多人的意料。

洛克菲勒认为,领导者就是要以美的外表形象和不同凡响的气度示人。领导者要善于塑造自己的形象,从衣着打扮到言谈举止,都要给他们留下良好的直观感觉。

其次,洛克菲勒在同他人交往时充分给予他人尊重和自主权。他认为尊重是维持人际关系的桥梁,尊重他人才能为他人所尊重。尊重是一道栅栏,既保护着自己,又保护着他人。作为商业界的大亨,洛克菲勒并非因为他所拥有的财富而趾高气扬,相反,他深刻地了解到一个企业想要稳定、快速而持久地立足于商业之林,必定要依靠一个优秀的团队和一群好的雇员。

每天早上,洛克菲勒都以他特有的沉稳嗓音轻声地与同事打招呼,询问他们的身体情况,关心他们的工作状况。

创业初期,洛克菲勒能叫得出每位遇到的员工的名字,他在办公楼里巡查的时候,走起路来几乎没有声音,说话时声音也很轻,就算是要检查员工的工作情况,他也总是显得彬彬有礼。许多雇员都说自己从未见到洛克菲勒发脾气、提高嗓门、说过污言秽语或是有过什么不文雅的举止，不同于那些典型的盛气凌人的商界大亨。员工对他的评价普遍很高，觉得他做事公平，待人宽宏大度，没有大老板的架子。

当然，洛克菲勒也十分注重对外的社交关系，是一名魅力十足的成功人士。尽管洛克菲勒为人低调，并且不轻易接受采访，但是他十分注重参加企业圈内的社交，并同媒体保持了良好的关系。

他充分认识到公关和社交活动是一个领导者展现其魅力的重要场所。在这些场所，领导者应当显示出自己特有的热情而不失礼节，幽默而不失潇洒，敏捷而不失坦率，果断而不失谨慎，自信而不失谦虚。如果培养并具备了以上这些形象和气质，就能够进一步赢得他人对自己的好感，这对于组织的经营和发展同样有着重大的要义。

洛克菲勒非常擅长于寻找坚强有力的同伴。人没有能力单独存活在这个世界上，每个人都需要他人的支持和关怀。在经历了无数的风雨波折之后，洛克菲勒认识到：荣誉、金钱都不过是过眼烟云，只有内心深处的友情才能让这个世界变得更加温暖，更富人情味。

真正的朋友和酒一样，越陈味道越醇和，在你人生的低谷和高峰，只有面对知己，我们才可以夸耀自己的成功，倾诉心中的失落。也只有真正的朋友才会在你失意时鼓舞你，在你成功时激励你。作为一个商人，洛克菲勒始终信奉：不要忽视任何一个敌人的威胁，也不要错过任何一个朋友的支持。

最后一点，洛克菲勒所崇尚的人脉法则就是"沟通"。人与人必须通过沟通来了解彼此的想法，有了沟通才使两个独立的个体有了交集，才能让他人与你达成共识，才可能有良好的人际关系和丰富的人脉。

洛克菲勒认为,如果你想要做一个成功的领导者,必先要赢得人心,而赢得人心的方法,沟通是最主要的,只有通过沟通,才能加深你对员工的了解,知道他们心里的想法。

洛克菲勒就有一种吸引别人团结在自己左右的魔力,让别人心甘情愿、倾尽全力来帮助他,为企业贡献自己的智慧和才能。而他的这种魔力就来自他处理人际关系的能力以及靠这些能力积累起来的丰富的人脉资源。

洛克菲勒曾经说过:"如果把我剥得一文不名丢在沙漠的中央,但只要有一行驼队经过——要不了多久,我就可以重建整个王朝。"这样的豪言壮语并非空谈,而是出于对个人能力和人脉资源的充分认识,他知道,只要拥有这些资源,他就拥有了一切。

人脉资源就好比是个人的一座金矿,不断挖掘能产出很高的经济效益;而人脉资源更胜过金矿,因为金矿在不断开采下最终会枯竭,而人脉资源却能通过各种手段不断累积,只要用心经营就不会枯竭。

现代社会中人际关系的重要性是不言而喻的。俗话说,"三分做事、七分做人",这话在许多时候很有道理。不难发现,这个世界上有能力的人很多,然而真正获得成功的又有几人?这是为什么?许多人将其归因于机遇不佳。如何才能掌握更多信息,把握更多的机遇?一个重要因素就在于人脉资源。良好的人脉资源会使你在工作中、职业生涯发展中占据主动,左右逢源。

好人脉才能创造好机遇

哈佛大学为了了解人际能力对一个人的成就所造成的影响,曾经针对贝尔实验室(Bell Lab)顶尖研究员做调查。他们发现,被大家认同的杰出人才,专业能力往往不是重点,关键在于"顶尖人才会采用不同的人际策略,这些人会多花时间与那些在关键时刻可能有帮助的人培养良好的关系,借此在面临问题或危机时便容易化险为夷"。

哈佛学者分析,当一位表现平平的实践员遇到棘手的问题时,会努力去请教专家,之后往往苦候却没有回音,而白白浪费时间。顶尖人才则很少碰到这种问题,这是因为他们在平时就已经建立丰富的资源网,一旦有事立刻请教便能得到答案。这份研究报告还指出,这个人脉资源网络深具弹性,每一次的沟通都为这个复杂的资源网多织一条线,渐渐地形成牢不可破的网络。

可见,一个高层次、广范围、深基础的关系网对于一个人的成功来说是多么重要。它是一种宝贵的资源,能帮助拥有者超越别人,更胜一筹。

调查显示,胡润百富榜上近30位中国企业家以及众多其他成功者最看重的财富品质依次为:诚信、把握机遇、创新、务实、终身学习、勤奋、领导才能、执着、直觉、冒险等,其中"机遇"排在第二位。而在网友和MBA学员眼中,"机遇"是十大财富品质的首选。

怎样才能比别人拥有更多的机遇?这就需要良好的人脉。

"机遇"的潜台词是"人脉",因为人脉广,与人关系好,机遇相对就会更多。打个比方来说,一个人脉广、社交能力强的人寻找工作,往往就能借助人脉的力量比他人早得到用人信息,自然能早一步投递简历,获得这份工作的可能性也就更大;而有时,企业招聘的信息也仅仅对部分"圈"内人士公开,如果没有圈内人脉资源,那根本无法获得这类信息。可见,有了人脉才会有更多的机遇,才有更多获得财富和成功的可能。

是金子总会发光,但是如果能提早发光或是能把握更好的机遇不是更好吗?在现实中,有不少人胸怀大志,才华横溢,有学历也有能力,但是却依然怀才不遇,郁郁不得志。究其原因,往往与不懂得建立人脉网络、维护朋友关系有关。虽说自身是匹千里马,但是依然需要有伯乐赏识,伯乐就需要我们自己透过人脉去寻找、结识和维护。

哈佛的系列公开课——Harvard Thinks Big 系列中有一讲关于人际网络的课程是由《联系:社会网络的神奇力量与塑造力》(《Connected:The surprising power of our social networks and how they shape our lives》)这本书的作者尼古拉斯教授来讲授的。

他在公开课中着重谈到了关于社会网络的类型,并研究社会网络是如何影响着人们的生活,包括健康、愿望、感情、思想和行为的。他在讲课中说到了很多有趣的内容。

假设每个人是一个点,人与人之间的关系就连成线。我们会发现这些线非常精巧、复杂,带着深刻的影响。

无论是情感的交流还是思想的形成,我们期待自己的人生与周围的人们所经历的事件有关,与相互之间联系着的人们相关。

如果我们描绘出人类情感关系的一张图。用颜色标记人们的情感状态。例如,黄色代表快乐,蓝色表示悲伤,绿色则表示中间状态。如此我们就可以发现快乐与不快乐经常是聚集在一处的。

我判断有多种原因可能导致这样的状况。首先是人以群分,相似

的人聚在一起。其次是情绪在同一类人群中的传播和诱导,再次是某一群体的人们具备共同经历和背景。

最关键的问题是我们可以看出你的快乐并不仅仅因为自身的生理机能,或自身的选择与行为,而是一定程度上与人们所处的相应的环境有关,造成这种关联度的可能甚至是一些你不认识的人,例如朋友的朋友。通过这样一个共同作用的机制,就形成了共同人际网络。

我们再来绘制另外一幅图,以此来判断人们合作的倾向性。我们可以用形状大的点表明个体更愿意与他人合作,黄色的代表那些合作性最强的人群,以下依次为橙色和紫色。会发现,合作性强的人更愿意和合作程度高的人聚集在一起,人们就这样形成了一个个聚集圈,如此一定会形成一个更为互惠互利的关系,使得他们处于一个更为有利的地位。

人与人之间的联系,影响着社会团体的属性,正是这种人与人之间的联系使得团体大于每个部分的总和。人们对世界看法事实上来自人们对于自身所处的周遭关系。

许多时候,在同等的条件下,善于与人交往、拥有人脉资源多的人更容易受到瞩目,而且他们更愿意聚集在一起,他们具备更高的合作倾向性。

在美国好莱坞,流行一句话:一个人能否成功,不在于你知道什么(what you know),而是在于你认识谁(whom you know)。这句话就是强调"人脉"的作用,它是一个人通往财富、成功的敲门砖。试想,如果你是一位老板,同时有一位你认识的或是朋友介绍的人,以及另一位你完全不认识和了解的人来求职,两者的能力等相差无几,你会更青睐谁呢? 答案是显而易见的。

或许机遇和"伯乐"是可遇而不可求的,是在适当时候出现的适当的人、事、物的组合体。我们无法控制这种完美的巧合何时出现,但是我们能通过控制自己的人脉来给自己创造更多的可能,自己为自己创

造机遇。

著名的哈佛商学院自建院以来,已有近百年历史,有超过6万名的校友。这些人多半已经是各行业的精英,在这种"学缘"关系的沟通和凝聚下,组成了一张牢固而有效的人脉网络。哈佛商学院也将"建立校友网络"作为他们为毕业生提供的两大工具之一,其毕业生甚至在总结读书收获时,将"建立朋友网络"放在了首位,对他们来说,找到了校友,就找到了信任和机遇。可以想象,如此强大、遍布全球的、人数众多的高层次校友网络,将提供各国、各行业的宝贵商业信息和优待,这将会给校友带来怎样的机遇和优惠啊。

事实一再证明,人们机遇的多少与其交际能力和交际活动范围的大小几乎是成正比的。在我们身边,有不少成功人士依靠某一共同点结识朋友,通过朋友再认识朋友,一直把关系建立到全球,从而,一次次机会降临,使他走向了成功。

人与人的关系可以是一种社会资本。人们通常说的资本总是与金钱挂钩,但真正的资本是任何可以投资的资源,能够用于再生产的资源。人们往往将资本投入到实体之中,对这个物质世界进行转变,使其创造出更高的回报率。

事实上社会资本也有同样的功效,就像教育,可以使一个普通人成为对社会更有用的人,获得更高的社会回报。人力资本不断改变着人们的能力和人与人之间的关系,使得团队更有能力去做那些以前做不了的事情,让社会资本的发展最大化。

这就是人脉的魅力,它为人们提供了这样的可能:即让你结识他人,也让他人认识你,当彼此间的品行、才干、信息得以相互了解的时候,活动就可能结出两个甜美的果实:密切的友谊和获得发展的机遇。

交际活动是机遇的催产术。因此,我们应把开展交际与捕捉机遇联系起来,充分发挥自己的交际能力,着意开发人脉资源,不断扩大交际,发现和抓住难得的发展机遇,进而成功的彼岸离我们就更近了!

成功往往取决于人际关系

哈佛大学第29届校长劳伦斯·巴考在2018年作为新任校长的第一次新生演讲中,建议新生们用好大学四年21 000小时的有效时间,其中首先提及的就是要用开放的心态花时间去了解自己的同学、自己的老师,在追求知识之余,真正运用好哈佛大学所提供的人际资源。以下是他的部分演讲内容。

和你们一样,我最近搬进了哈佛校园。和你们一样,我放弃了熟悉的生活节奏来寻找新的挑战和新的机遇。并且,和你们一样,我来到这里,是希望能为这个特别的地方做出独特的贡献。

从今天开学到你们毕业那一天,中间恰好有1 358天。考虑到你们睡觉的时间(我希望你会尝试每晚睡8小时,并且强烈建议你们这样做),你将拥有大约21 000个小时来探索这个非凡的地方;用这21 000个小时来激发你们的激情,看它将带你去哪里;用这21 000个小时去探索什么对你是最重要的,并确定如何让世界变得更美好。

那么,你的这段非凡的旅程可以从哪里开始呢? 我的建议是,可以从坐在你旁边的人开始,因为他或她现在或许正在经历着很多情绪的变化。我知道这些,是因为今年夏天的早些时候,我收到了你们中的一位发给我的电子邮件。

在我看来,这是一封非常诚实的信,向我倾诉了对即将到来的前景感到兴奋和快乐,但也感到焦虑和害怕。一想到要与陌生人一起到一个新地方生活学习,就很伤脑筋,担心无法融入,这些情形既令人担

忧又非常真实。

对于正坐在你们中间的这位学生来说，非常肯定的是，他得知我们之间的一个共同点，即我们都是移民的后裔。现在，看着我，你可能不会推断出，我和家人是作为难民来到这个国家的。还有，我在密歇根的一个蓝领小镇长大，我高中的空闲时间都花在组装业余收音机和参加科学博览会上。

我想说的是，不要以貌取人，这是我得到的最好的建议之一。在哈佛，没有人是完美的，包括你们的校长。我和其他人一样，经历过绝望和希望，失败和胜利，失去和得到。你在这里遇到的每个人都是独一无二的，每个人都有自己的故事。你们每个人都被录取了，因为我们在你们身上看到了一些东西，并且相信这些东西会让这个非凡的群体变得更丰富。

接下来的几周里你们需要找到自己的方法，在自己投入的这21 000个小时里如何去了解别人。倾听你的同学们，向他们学习。你们要认识到，在任何情况下，无论是经济上的、社交上的或是其他什么，都有其复杂之处。毕竟我们都是普通人，没有人是完美的。

从另一种角度看，突破自己的认知去理解世界是一项充满挑战的工作，接受这样的挑战并拥抱这样的挑战，你会成为一个更好的人。并且，我可以向你们保证，你们会因此结识一生的挚友。

我最亲近的朋友之一就是我大学新生时的室友，我们已经彼此依靠走过了49年，相信还会更长。其实他是我人生中非常特殊的人，因为他介绍了我和我妻子阿黛尔相识，对了，现在阿黛尔正坐在那里。

我希望你们也能花一点时间去了解你们的老师。我在本科学习期间做得最棒的决定之一就是去请教一位经济学教授关于课后阅读中脚注的问题，最后我们就博弈论进行了长时间的讨论，这在当时还是一个新兴的领域，后来变成了一门阅读课程，而这门课程改变了我的人生。时至今日，我仍然和那位教授保持着联系。

我相信，最能预测你们能否在这里收获一段非凡体验的就是，你们能否结识一位、至少一位老师，可能更多，但至少有一位是你确定可以在接下来的人生中保持联系的。

如果你不知道该如何开始，那就利用办公时间，邀请老师去史密斯校园中心或拉蒙特咖啡馆喝杯下午茶，也可以就在这里或附近的台阶上谈谈。如果你有一点紧张或者焦虑以至于不知道该问他们什么，那就问问关于他们研究的事，学院的教职员们很乐意讨论自己的研究。我保证你们能相谈愉快。

哈佛鼓励学生们建立自己的人际关系网络，为了鼓励学生们的多元化互动交流，在学生一年级时由学校安排寝室分配。通常寝室中会安排来自世界各地不同国家、不同文化背景的学生。经过不同的文化交流和观点碰撞，帮助学生们建立全球化的视野和更为多元化的人际网络。

戴尔·卡耐基曾经这样说过：专业知识在一个人成功中的作用只占15％，而其余的85％则取决于人际关系。卡耐基是美国著名的心理学家和人际关系学家，20世纪最伟大的成功学大师，美国现代成人教育之父。他开创的"人际关系训练班"遍布世界各地，多达1 700多所，接受培训的有社会各界人士，其中不乏军政要员，甚至包括几位美国总统。千千万万的人从卡耐基的教育中获益匪浅。他一生致力于人性问题的研究，运用心理学和社会学知识，对人类共同的心理特点进行探索和分析，开创并发展出一套独特的融演讲、推销、为人处世、智能开发于一体的成人教育方式。

作为世界上最著名的人际关系大师之一，卡耐基认为人际关系对于一个人的成功来说至关重要，卡耐基的处世艺术让千万人从中受益，更有不少人因此而获得成功。

卡耐基曾亲身经历过这样一件事。

他曾向纽约某家饭店租用大舞厅，每一季用二十个晚上，举办一系列的讲课。

在某一季开始的时候，他突然接到通知，说他必须付出几乎比以前高出三倍的租金。卡耐基得到这个通知的时候，入场券已经印好，发出去了，而且所有的通告都已经公布了。

当然，卡耐基不想支付这笔增加的租金，可是跟饭店的人谈论他们不想要的结果，是没有什么用的，他们只对他们所要的感兴趣。因此，几天之后，他去见饭店的经理。

"收到你的信，我有点吃惊，"卡耐基说，"但是我根本不怪你。如果我是你，我也可能发出一封类似的信。你身为饭店的经理，有责任尽可能地使收入增加。如果你不这样做，你将会丢掉现在的职位。现在，我们拿出一张纸来，把你可能得到的利弊列出来，如果你坚持要增加租金的话。"

然后，卡耐基取出一张信纸，在中间画一条线，一边写着"利"，另一边写着"弊"。

他在"利"这边的下面写下这些字："舞厅空下来。"接着说："你有把舞厅租给别人开舞会或开大会的好处，这是一个很大的好处，因为像这类的活动，比租给人家当讲课场能增加不少收入。如果我把你的舞厅占用二十个晚上来讲课，对你当然是一笔不小的损失。"

"现在，我们来考虑坏处方面。第一，你不但不能从我这儿增加收入，反而会减少你的收入。事实上，你将一点收入也没有，因为我无法支付你所要求的租金，我只好被逼到别的地方去开这些课。"

"你还有一个坏处。这些课程吸引了不少受过教育、修养高的群众到你的饭店来。这对你是一个很好的宣传，不是吗？"

"事实上，如果你花费五千美元在报上登广告的话，也无法像我的这些课程能吸引这么多的人来看看你的饭店。这对一家饭店来讲，不是价值很大吗？"

卡耐基一面说，一面把这两项坏处写在"弊"的下面，然后把纸递给饭店的经理，说："我希望你好好考虑你可能得到的利弊，然后告诉我你的最后决定。"

第二天卡耐基收到一封信，通知他租金只涨百分之五十，而不是百分之三百。

在这里，卡耐基没有说一句他所要的，就得到这个减租的结果。卡耐基一直都是谈论对方所要的，以及他如何能得到他所要的。

这就是卡耐基从他人需求出发而获益的例子。个人总是希望自己的需求能得到满足，如果别人能将自己的需求放在首位，自己就能感受到被尊重和重视，并产生一种满足感，此时自己就更容易相处，也更容易答应他人的请求。如果你始终让别人有这样的感觉，还担心别人不喜欢你或是拒绝你的请求吗？这样的话，目标自然是水到渠成。

美国的有一项权威调查结果表明：成年人最关注的问题主要有两个方面，一个是健康问题，而另一个就是人际关系问题。而在关于财富来源的报告结果中指出：一个人赚的钱，12.5％来自知识，87.5％来自关系。

而在我国最近某次媒体和调查机构的一项调查中，数千个受访者不约而同地表示了同一个观点：朋友是资源，是财富，是个人成功的重要助力。

我们的身边常常能找到这样的人：他有许多朋友，和他们都有不错的交情，一般的事情找他，他总能找到相关的朋友为你提供帮助，帮你及时解决。他的关系网常常令旁人羡慕不已，而人们也都乐意与他做朋友。他提出的请求，只要不太为难人，大家也总是尽量帮忙，因为不知道什么时候你也会请求他的帮助……

你是否羡慕这样的人？你是否乐意结交这样的人？其实，他的专

业知识、外貌等都与常人相仿，但是他就是能将事情办妥，就是能找到好工作、获得好待遇，这是为什么？秘密就在于他的关系网，他的人脉资源为他赢得了优势，让他在人生之路、成功之路上走得更顺畅。

比尔·盖茨所获得的巨大成功除了他自身的原因，还有什么其他因素帮助了他吗？那就是他对"人"的重视。比尔·盖茨重视人才，更重视同人的交往和关系处理，他拥有的丰富人脉资源对他的成功有着举足轻重的作用。

当年，比尔·盖茨创立微软公司的时候，只是一个无名小卒，缺少物质基础，也不认识什么业内人士，几乎没有什么人知道他，更不要说购买他的产品了。但是，就在他 20 岁的时候，他签到了第一份合约，挖掘到了创业的第一桶金，才有了之后的成就。

这份至关重要的合约是同当时世界第一强电脑公司——IBM 公司签订的。而他之所以能获得这份合约，可以说全靠他的母亲。比尔·盖茨的母亲是 IBM 公司董事会的董事，通过母亲的关系他结识了 IBM 的董事长，再凭借自己在电脑方面的才华赢得了这份宝贵的合约。

可以想象，如果没有母亲的介绍，或许比尔·盖茨还需要花费许多时间和精力才能结识这样的高级业内人士，或许就在艰辛中磨灭了他的创业斗志，或许还要花费更多的时间精力才能挖掘到自己人生的第一笔创业财富，甚至或许根本就没有今日被全世界人都熟知的微软和世界首富了。也正是这件事，让年轻的盖茨明白了人脉的重要性，人脉有时胜过一切。

自己的亲人往往是自己最可靠和熟悉的人脉资源，千万不要忽视了自己身边的这条重要人脉，这是比尔·盖茨告诉我们的第一条人脉法则。

比尔·盖茨利用人脉的第二条法则，就是利用合作伙伴的人脉资源。盖茨始终认为,一个人的力量有限,人脉也有限,可能自己不认识的人恰恰是自己合作伙伴的朋友,他能够通过自己的合作伙伴去认识更多人,做更多生意。

保罗·沃伦和史蒂芬是比尔·盖茨最重要的两个合伙人,他们不仅为微软贡献他们的聪明才智,也贡献他们的人脉资源。盖茨通过他们的人脉网,结识了更多的人,也做成了更多的生意。

而彦西也是比尔·盖茨一位非常要好的朋友兼合作伙伴,当时微软开辟日本市场时,彦西不仅为比尔·盖茨讲解了很多日本市场的特点,更为比尔·盖茨找到了第一个日本个人电脑项目,使微软进军日本的战略更加顺利。

第三条,同时也是最重要的一条,比尔·盖茨十分重视企业员工资源,将他们视为人脉资源的重要组成部分,加以开发和利用,让他们心甘情愿为自己贡献才华。在对微软应用部门进行的一次调查中,有88%的雇员认为微软是该行业的最佳工作场所之一。

比尔·盖茨曾经说:"在我的事业中,我不得不说我最好的经营决策是必须挑选人才,拥有一个完全信任的人,一个可以委以重任的人,一个能为你分担忧愁的人。""如果把我们公司顶尖的 20 个人才挖走,那么我告诉你,微软会变成一家无足轻重的公司。"可见,盖茨本人是十分重视员工人脉资源的。

比尔·盖茨这样说过:一个人永远不要依靠一个人花 100% 的力量,而要依靠 100 个人花每个人 1% 的力量。

现在,人们不仅将人脉作为一种资源,更将其命名为一种竞争力。人脉竞争力就是相对于专业知识的竞争力,一个人在人际关系、人脉网络上的优势。可以想象,一个人脉竞争力强的人,他拥有的人脉资源比别人更广且深。在平时,这个人脉资源可以让他比别人更快速地获取有用的信息,进而转换成工作升迁的机会或者财富;而在危急或

关键时刻,也往往可以发挥转危为安或临门一脚的作用。正是人脉让他更具竞争力,与他人相比,赢得了优势。

现代人都热衷于创业,在这里,我们不妨对创业过程中的人脉积累略作分析。

想要开创自己的一番事业,首先需要具备的就是资金。资金在哪里?除了在自己的口袋中,更多的在银行里。许多时候,我们自己的起步资金并不足够,这时就需要与人合作或是向银行借贷。

其次,创业还需要技术。无论是做什么行当,技术知识总是少不了的。你可以通过向技术拥有者购买、同其他公司合作等多种形式来拥有相关技术。

最后,事业的开展还离不开"人"。人的因素既与资金、技术相关,同时又是一个独立的因素,是人、技术、资金这三大条件的核心,担负起你事业成功的关键。因为如果你有足够丰富的人脉资源,那么资金和技术问题也就迎刃而解了。而这里的"人",就是我们的人脉。人脉帮助你找到人,找对人,当一个人在"人"的方面占有优势时,往往就决定了他具有全面的优势。

常常听有工作经验再创业的人这样说:"你在公司工作最大的收获不只是你赚了多少钱,积累了多少经验,而更重要的是你认识了多少人,结识了多少朋友,积累了多少人脉资源。这种人脉资源不仅对你在公司工作时有用,即使你以后离开了这家公司,还会发生作用,成为你创业的重大资产。拥有它之后,你就知道你在创业过程中一旦遇到什么困难,你该打电话给谁。"

即使现在你尚没有开创自己事业的念头,人脉也依然是提升自己的重要因素。相信每个人都有这样的经历:当你遇到了困难时,常会发出"如果我有足够多的关系,一定可以更加顺利地完成这件工作""如果和那位关键人物能够牵扯上任何关系,做起事来可以方便多了"的感触。因为,只要我们和那些关键人物有所联系,当有事情想要去

拜托他或是与其商量讨论时,总是能够得到很好的回应。

这种与关键人物取得联系的有利条件,就是人脉资源所带来的优势。事实上,人脉资源越宽广,做起事来就越方便。每个人都希望那些有影响力的大人物能够助己一臂之力,使自己在事业或是个人的发展上,能够少遇些障碍,多一些助力。

如果有好事,人们第一个总是会想到与自己有关的人,这是人之常情,同等条件下,人们更愿意接受自己认识、熟悉的人,不是吗?所以,你所认识的每一个人都有可能成为你生命中的贵人,成为你事业中重要的顾客,你多认识一个人,多建立一份稳固的关系,就等于比他人多了一份优势。就如同哈维生命中的沃德,一个曾经身穿囚衣的犯人,都有可能成就一个人的人生和事业。

人脉是个人通往财富、成功的门票,特别是在当前知识经济时代,人脉已成为专业的支持体系,为个人赢得优势。

当代社会,企业同个人的观念都发生了变化,人脉竞争力被放到了一个重要的位置。过去,企业招募人才时,专业知识、学习能力都是首要条件,但渐渐地,在十倍速的知识经济时代,技术、知识迅速更新,光靠一个人的力量无法完成任务,这时人脉就发挥了不小的作用。有的企业甚至将拥有多少人脉资源作为单独的考察项目,就如同许多大企业或跨国公司纷纷聘请退休的党政干部或是相关团体的负责人担任顾问、荣誉董事等职位一样,就是看中了其在某一领域中的人脉资源,希望充分利用其人脉资源去拓展市场。

而对于个人来说,建立自己的人际关系网络,也是工作收获的重要组成部分。如果一个人拥有较强的人脉资源或是懂得培养人脉网络的支持体系,那么这将强化他的个人竞争力,可以说,人脉就是个人实力的催化剂。如果个人拥有一张强大的人际关系网,那就会比竞争者具有先天的资源优势,对内,可以服众;对外,则可以取得客户的信任。无论如何,经营好自己的人际关系是你在这个社会中生存的

资本。

　　一个人的专业、知识是一把利刃，而人脉资源就是秘密武器，它能帮助在你面临困境时找到突破口。

　　个人的人生需要自己经营，个人的成就也需要自己创造，而丰富的人脉资源无疑是我们到达成功彼岸的不二法门，是一笔看不见的无形资产！如何以极自然的、有创意的、互利的方式去经营人脉，是胜负关键。

哈佛大学灯火通明的图书馆

图书在版编目(CIP)数据

哈佛精神：百年哈佛教给年轻人的8堂课/杨立军
编著.—上海：上海教育出版社，2019.5
ISBN 978-7-5444-9039-9

Ⅰ.①哈…　Ⅱ.①杨…　Ⅲ.①成功心理－通俗读物
Ⅳ.①B848.4－49

中国版本图书馆CIP数据核字(2019)第057877号

责任编辑　叶　　刚
封面设计　周剑峰

哈佛精神——百年哈佛教给年轻人的8堂课
杨立军　编著
_____

出版发行　上海教育出版社有限公司
官　　网　www.seph.com.cn
地　　址　上海永福路123号
邮　　编　200031
印　　刷　上海展强印刷有限公司
开　　本　700×1000　1/16　印张13.5
字　　数　162千字
版　　次　2019年5月第1版
印　　次　2019年5月第1次印刷
书　　号　ISBN 978-7-5444-9039-9/G·7471
定　　价　38.00元
_____

如发现质量问题，读者可向本社调换　　电话：021－64377165